Berichte aus dem
Institut für Umformtechnik
der Universität Stuttgart
Herausgeber: Prof. Dr.-Ing. K. Lange

57

Herbert Leykamm

Beitrag zur Arbeitsgenauigkeit des Kaltmassivumformens

Mit 84 Abbildungen und 5 Tabellen

Springer-Verlag
Berlin Heidelberg New York 1980

Dipl.-Ing. Herbert Leykamm
Institut für Umformtechnik
Universität Stuttgart

Dr.-Ing. Kurt Lange
o. Professor an der Universität Stuttgart
Institut für Umformtechnik

D 93

ISBN-13 : 978-3-540-10363-9   e-ISBN-13 : 978-3-642-81542-3
DOI : 10.1007 / 978-3-642-81542-3

Gesamtherstellung: Drucken + Werben GmbH · Löwenstraße 94 · 7000 Stuttgart 70 · Telefon (0711) 764959.

2362/3020—543210

Die Umformtechnik zeichnet sich durch sehr gute Werkstoffauswertung und hohe Mengenleistung in der Serienfertigung gegenüber anderen Fertigungsverfahren aus, wobei Beibehaltung der Masse, Änderung der Festigkeitseigenschaften während eines Vorgangs und elastische Rückfederung der Werkstücke nach einem Vorgang wesentliche Merkmale sind. Weiter sind die benötigten Kräfte, Arbeiten und Leistungen sehr viel größer als z.B. bei spanenden Verfahren. Die sichere Beherrschung eines Verfahrens in der industriellen Fertigung und die zunehmende Forderung nach Vermeidung bzw. Minimierung spanender Nacharbeit erzwingen die geschlossene Betrachtung des Systems "Umformende Fertigung" unter zentraler Berücksichtigung plastizitätstheoretischer, werkstoffkundlicher und tribologischer Grundlagen.

Das Institut für Umformtechnik der Universität Stuttgart stellt entsprechend Forschung und Entwicklung zum einen auf die Erarbeitung von Grundlagenwissen in diesen Bereichen ab, zum anderen untersucht und entwickelt es Verfahren unter Anwendung spezieller Meßtechniken mit dem Ziel einer genauen quantitativen Ermittlung des Einflusses der Parameter von Vorgang, Werkstoff, Werkzeug und Maschine. Die Behandlung von Problemen des Maschinenverhaltens, der Maschinenkonstruktion sowie der Werkzeugauslegung und -beanspruchung, der Auswahl hochbeanspruchbarer, verschleißfester Werkzeugbaustoffe und schließlich der Tribologie gehört entsprechend ebenfalls zum Arbeitsgebiet, das durch die Erfassung organisatorischer und betriebswirtschaftlicher Fragen abgerundet wird.

Im Rahmen der "Berichte aus dem Institut für Umformtechnik" erscheinen in zwangloser Folge jährlich mehrere Bände, in denen über einzelne Themen ausführlich berichtet wird. Dabei handelt es sich vornehmlich um Abschlußberichte von Forschungsvorhaben, Dissertationen, aber gelegentlich auch um andere Texte. Diese Berichte sollen den in der Praxis stehenden Ingenieuren und Wissenschaftlern zur Weiterbildung dienen und eine Hilfe bei der Lösung umformtechnischer Aufgaben sein. Für die Studierenden bieten sie die Möglichkeit zur Vertiefung der Kenntnisse. Die seit

zwei Jahrzehnten bewährte freundschaftliche Zusammenarbeit mit
dem Springer-Verlag sehe ich als beste Voraussetzung für das
Gelingen dieses Vorhabens an.

Kurt Lange

Vorwort

Die vorliegende Arbeit entstand während meiner Tätigkeit in Firma
Neumeyer-Fließpressen GmbH, Nürnberg. Sie wurde angeregt von
den Herren Dr.-Ing. M. Burgdorf und Dr.-Ing. H. W. Wagener,
denen ich für Unterstützung und viele Ratschläge dankbar bin.

Herrn Prof. Dr.-Ing. K. Lange danke ich sehr herzlich für die
Betreuung der Arbeit, seine fachkundige Beratung und für viele
wertvolle Anregungen und Hinweise.

Herrn Prof. DTech h. c. Dipl.-Ing. K. Tuffentsammer möchte ich
für sein Interesse an dieser Abhandlung und für deren kritische
Durchsicht recht herzlich danken.

Mein Dank gilt auch den Mitarbeitern des Institutes für Umformtechnik an der Universität Stuttgart, die mir durch manchen Hinweis sehr geholfen haben.

Der Geschäftsleitung der Firma Neumeyer-Fließpressen GmbH,
Nürnberg, danke ich für die Förderung der Arbeit.

Lauf a. d. P., im Dezember 1979   Herbert Leykamm

Inhaltsverzeichnis

Seite

Formelgrößen, Indices und Abkürzungen   12

0   Einleitung   16

   0. 1 Elemente der Arbeitsgenauigkeit   17

   0. 2 Einflußgrößen auf die Arbeitsgenauigkeit   18

   0. 3 Erkenntnisstand   18

   0. 4 Aufgabenstellung   20

1   Überblick über die erreichbare Arbeitsgenauigkeit und Toleranzbestimmung mit Hilfe statistisch gesicherter Zusammenhänge für Stahlwerkstücke   22

   1. 1 Grundlagen   22

   1. 2 Ergebnisse der Berechnungen   24

   1. 3 Grenzen der Toleranzbestimmung mit Hilfe statistisch gesicherter Zusammenhänge   26

2   Einfluß der Schwankungen der Rohteilmasse auf die Arbeitsgenauigkeit   29

   2. 1 Auftretende Masseschwankungen an Rohteilen   29

     2. 1. 1   Gesägte Rohteile   30

     2. 1. 2   Gescherte Rohteile   32

   2. 2 Auswirkungen auf die Arbeitsgenauigkeit   33

     2. 2. 1   Eigene Versuche   33

     2. 2. 2   Diskussion der Ergebnisse   34

3   Einfluß der Umformkraftschwankungen auf die Arbeitsgenauigkeit   35

Seite

3. 1 Fließspannungsschwankungen 35

   3. 1. 1 Größenordnung der Fließspannungs-
         schwankungen 36

   3. 1. 2 Auswirkungen auf die Arbeitsgenauigkeit 36

      3. 1. 2. 1 Eigene Versuche 37

      3. 1. 2. 2 Diskussion der Ergebnisse 38

3. 2 Reibwertschwankungen 40

   3. 2. 1 Größenordnung der Reibwertschwankungen 40

   3. 2. 2 Auswirkungen auf die Arbeitsgenauigkeit 41

      3. 2. 2. 1 Stauchen zwischen ebenen Werk-
            zeugbahnen 41

      3. 2. 2. 2 Napf-Rückwärtsfließpressen 43

4 Einfluß der radialen Werkzeugfederung und der
Rückfederung des Werkstückes auf die Arbeitsgenauigkeit 46

4. 1 Größe der radialen Federung und deren
    Schwankungen 46

4. 2 Auswirkungen auf werkzeuggebundene Maße 48

   4. 2. 1 Radiale Federung eines Werkzeuges bei
         einem Umformverfahren mit konstanter
         Druckraumhöhe 50

      4. 2. 1. 1 Versuchsbedingungen und eigene
            Versuche 51

      4. 2. 1. 2 Diskussion der Ergebnisse 54

   4. 2. 2 Einfluß der Werkstückrückfederung 58

   4. 2. 3 Radiale Federung eines Werkzeuges bei
         einem Umformverfahren mit veränder-
         licher Druckraumhöhe 60

Seite

4. 2. 3. 1 Versuchsbedingungen und eigene Versuche   61

4. 2. 3. 2 Diskussion der Ergebnisse   64

4. 2. 4 Besonderheiten des instationären Verfahrensabschnittes   67

5 Einfluß der Umformtemperatur auf die Arbeitsgenauigkeit   70

5. 1 Größe der Umformtemperatur   70

5. 2 Auswirkungen auf werkzeuggebundene Maße   72

5. 2. 1 Eigene Versuche   73

5. 2. 2 Diskussion der Ergebnisse   75

5. 3 Auswirkungen auf Formfehler (Zylindrizitätsfehler)   79

5. 3. 1 Eigene Berechnungen   80

5. 3. 2 Diskussion der Ergebnisse   84

5. 4 Auswirkungen auf Maßfehler werkzeuggebundener Maße   86

5. 4. 1 Eigene Berechnungen   87

5. 4. 2 Diskussion der Ergebnisse   88

6 Zusammenfassung   93

Bildteil   99

Tabellen   147

Anhang   151

Schrifttum   161

Formelgrößen und Einheiten

a, b, x, y	Faktoren und Variable der Regressionsgleichung (1)	
a	Temperaturleitfähigkeit	m^2/s
A	Querschnittsfläche	mm^2
b	Wärmeeindringzahl [8]	$J/m^2 s^{1/2} K$
$\triangle$ B	Achsendurchbiegungsungenauigkeit	mm
c	spezifische Wärme	J/g K
C	Federzahl	N/mm^3
d	Durchmesser	mm
E	Elastizitätsmodul	N/mm^2
f_{vol}	Formfaktor Gl (2)	-
f	Federweg	mm
F	Kraft	kN
h	Werkstückhöhe, Druckraumhöhe	mm
HB	Brinellhärte	-
k_f	Fließspannung	N/mm^2
l	Werkstückbezugslänge	mm
m	Masse	g
M	Nennmaß	mm
$\triangle$ M	Maßungenauigkeit	mm
q	Wärmestromdichte	W/m^2
Q	Wärmemenge	J
r	Halbmesser (Radius)	mm
R_m	Zugfestigkeit	N/mm^2

s	Standardabweichung einer Stichprobe	- (DIN 1319 Teil 3)
s_B	Bodendicke	mm
s_U	Arbeitsweg, Stempelweg	mm
s_W	Wanddicke	mm
t	Zeit	s
V	Volumen	mm^3
w	auf Volumen bezogene Arbeit	J/cm^3
W	Wanddicke	mm
ΔW	Wanddickenungenauigkeit	mm
ΔZ	Zylindrizitätsungenauigkeit	mm
α_l	Längenausdehnungskoeffizient	K^{-1}
$\alpha_ü$	Wärmeübergangskoeffizient	$J/m^2 sK$
2α	Werkzeugöffnungswinkel	o
ρ_m	Stoffdichte	g/cm^3
ρ	Reibwinkel	o
ε	relative Abmessungsänderung, $\varepsilon_A = \dfrac{A_o - A_1}{A_o}$	- (VDI Richtlinie 3137)
ϑ	Temperatur	K, °C
$\Delta\vartheta$	Temperaturdifferenz	K
λ	Wärmeleitfähigkeit	W/mK
μ	Reibwert	-
ν	Querkontraktionszahl	-
σ	Standardabweichung einer Grundgesamtheit, tritt in der Arbeit nur als $\pm 3\sigma$ auf	- (DIN 1319 Teil 3)
σ	Normalspannung	N/mm^2
τ	Schubspannung	N/mm^2
φ	Umformgrad, $\varphi_A = ln\dfrac{A_o}{A_1}$	- (VDI-Richtlinie 3137)
ϕ	Wärmestrom	W

Indices

0	Vorform, Anfang
1	Endform, Ende
a	Außen
aus	austretend
A	Fläche, Querschnitt
b	Berühr-
B	Boden-
C	konstant
ein	eintretend
g	Größt-
h	Hüll-, Höhen-
H	Haft-
i	laufende Ordnungsnummer, Innen-
r	Radial-, in r-Richtung
R	Reib-
St	Stempel-
U	Umform-
v	Vergleichs-
Wst	Werkstück
Wz	Werkzeug
M	Mitte
m	mittlere
x	in x-Richtung
y	in y-Richtung

Abkürzungen

BT   Betriebstemperatur

DMS   Dehnmeßstreifen

erf(x)   Gauß'sches Fehlerintegral von x   [8]

N   Anzahl von Stichproben (Bild 3 bis Bild 13)

RT   Temperatur der Umgebung

0   <u>Einleitung</u>

Bei der Serien- und Massenproduktion technischer Güter, z.B. der
Herstellung von Formteilen aus Metallen, lehrt die Erfahrung, daß
ein Werkstück nicht in allen seinen Eigenschaften genau gleich einem
oder mehreren anderen Werkstücken der gleichen Serie ist. Maße,
Formen, aber auch andere Eigenschaften wie Festigkeit, Dehnung,
können nur im Rahmen gewisser Grenzen "gleich" genau erreicht d.h.
wiederholt hergestellt werden. Diese Wiederholbarkeit (Reproduzier-
barkeit) bei der Verwirklichung von Maßen und Formen wird als Arbeitsgenauigkeit eines Herstellverfahrens bezeichnet. Die Arbeitsgenauigkeit ist um so besser, je kleiner die Schwankungsbreiten sind,
innerhalb denen sich alle oder bestimmte Merkmale bewegen. Zur Herstellung von Formteilen können verschiedene Produktionsverfahren
herangezogen werden. Letztere werden sich in der Regel durch Pro-
duktionskosten und Arbeitsgenauigkeit unterscheiden. Die Auswahl des
Verfahrens kann sich nach dem rationalen Prinzip richten, vorgegebe-
ne Eigenschaften mit zugelassenen Schwankungsbreiten - den Toleranzen - kostengünstig zu erreichen. Dann wird dem Verfahren der Vorzug
gegeben, das bei gleichem Aufwand "genauer" produziert und somit zusätzliche Arbeitsstufen zur Erzielung der erwarteten Genauigkeit er-
spart. Zur Verfahrensauswahl ist erforderlich, die erreichbare Arbeitsgenauigkeit in Betracht zu ziehender Verfahren zu kennen. Die Kenntnis
der die Arbeitsgenauigkeit beeinflussenden Größen wird auch gebraucht,
um Wege für die Weiterentwicklung eines Verfahrens zu finden.

Die Verfahren der Kaltmassivumformung sind gekennzeichnet durch
erhebliche Werkstoffeinsparungen und durch Werkstückgenauigkeiten,
die die Fertigbearbeitung durch abspanende Verfahren auf ein Mindest-
maß herabsetzen oder in vielen Fällen ganz erübrigen.

In der Praxis der Kaltmassivumformung resultiert andererseits etwa ein Drittel aller Reklamationsfälle aus geometrischen Fehlern der Werkstücke. Das ist ein mehrfaches des zweithäufigsten Anteils, der Oberflächenfehler, wie Risse und Riefen, betrifft. Hieraus wird die wirtschaftliche Bedeutung der Arbeitsgenauigkeit bei der Kaltmassivumformung erhellt.

0. 1 Elemente der Arbeitsgenauigkeit

Zur Beantwortung der Frage, wie genau ein hergestelltes Werkstück der zeichnerisch dargestellten Idealform entspricht, bedient man sich des Vergleiches der Istgestalt mit der Idealgestalt. Alle gefundenen Abweichungen - Ungenauigkeiten der Makrogeometrie - lassen sich in drei Fehlerklassen einordnen:

- Einzelne oder alle Maße der Istgestalt sind ungenau. Diese Fehler heißen Maßfehler.

- Einzelne oder alle Formen der Istgestalt sind ungenau. Diese Fehler heißen Formfehler.

- Einzelne oder alle Teilkörperzuordnungen der Istgestalt sind ungenau. Diese Fehler heißen Lagefehler.

Zusätzlich ist festzustellen, daß sich die drei genannten Fehlerarten gegenseitig beeinflussen können. In diesem Fall läßt sich der ursächliche Fehler bestimmen und in eine der drei genannten Fehlerklassen einordnen.

0. 2 Einflußgrößen auf die Arbeitsgenauigkeit

Für das Absuchen aller die Arbeitsgenauigkeit beeinflussenden Größen bietet ein von Lange [13] und anderen angegebenes System den Rahmen. Die acht Systemkreise enthalten systematische und zufällige Einflußgrößen auf die Eigenschaften eines umgeformten Werkstücks, d. h. auch auf seine Arbeitsgenauigkeit, die wiederum in unmittelbar und mittelbar wirkende eingeteilt werden können (Bild 1). Nur ein Wirkungspfad sei erwähnt: Die Fließspannung des Rohteilwerkstoffes (unmittelbar wirkende systematische Einflußgröße) bestimmt wesentlich die Umformkraft in einem proportionalen Zusammenhang. Als Folge kommt es über die Kraftwirkung auf die Werkzeugwände zu elastischer Federung von Werkzeug und Umformmaschine, wodurch sich die maßbildende Werkzeugabmessung einstellt. Wird die systematische Einflußgröße "Umformkraft" von der zufälligen Einflußgröße "Schwankung der Umformkraft" überlagert, so wirkt dies auf die maßbildende Werkzeugabmessung und es ergibt sich ein durch Zufall bestimmtes Maß an einem bestimmten Werkstück. Entsprechend lassen sich auch die anderen Einflußgrößen des Bildes 1 verfolgen.

0. 3 Erkenntnisstand

Im Schrifttum sind nur vereinzelt Hinweise auf die mit den Verfahren der Kaltmassivumformung erreichbare Arbeitsgenauigkeit anzutreffen. Angaben über zu erwartende Toleranzen finden sich in [37] und [38]. Aufgrund einer Erhebung[1], deren wichtigste Ergebnisse veröffentlicht sind [33] wurden die Angaben in [37] und [38] überarbeitet [39].

In [20] wird nachgewiesen, daß beim Napf-Rückwärtsfließpressen

---

1) Leykamm, H.: Bestimmung der Maßstreuungen von Kaltfließpreßteilen aus Stahl. - Diplomarbeit, Techn. Hochsch., München, 1967.

Innen- und Außendurchmesser der erzeugten Werkstücke von den Werkzeugmaßen abweichen und gezeigt, daß diese Abweichungen vom Elastizitätsmodul der Werkzeugwerkstoffe abhängen können. Es wird in der Arbeit auch auf die Formfehler an napfförmigen Werkstücken eingegangen und auf den möglichen Zusammenhang mit Werkzeugfederungen hingewiesen.

In [24] wird eine Darstellung der Federungseinflüsse von Rohteil, Werkzeug und Maschine auf die Schwankungen maschinengebundener Maße gegeben. Dabei läßt sich bei Kenntnis der Federungseigenschaften dieser drei Parameter und der Preßkraft sowie der Preßkraftschwankungen, der Maßschwankungsanteil, hervorgerufen durch Preßkraftschwankungen, berechnen. Auf zusätzlich wirkende Einflüsse wird nicht eingegangen.

In [15] wird der Einfluß der Steifigkeit des dynamischen Systems Umformmaschine-Umformwerkzeug-Verfahren auf die Arbeitsgenauigkeit beim Massivumformen behandelt. Es wird versucht, wegen des Fehlens ausreichender Unterlagen, Anhaltswerte über die Arbeitsgenauigkeit der einzelnen Umformmaschinen aus rein mathematischen Betrachtungen der Verformung des Systems abzuleiten. Dabei wird auf Schwierigkeiten in der Toleranzvorhersage aufmerksam gemacht, weil nach [14] beim Gesenkschmieden die Summe der zufälligen Fehler bis zu 80 Prozent des zulässigen Gesamtfehlers betragen kann.

In [36] werden Durchmessertoleranzen für Voll- und Hohlkörper aus Stahl in Abhängigkeit vom Durchmesser des Werkstückes angegeben. Für die Toleranzen von maschinengebundenen Maßen werden Maximalwerte genannt, Durchbiegungen werden abhängig von der Werkstücklänge und Durchmesserexzentrizitäten abhängig vom Durchmesser angegeben. Es fehlt jedoch der Hinweis, welche Teilfehler in den angegebenen Toleranzen aufsummiert sind.

Bei Sichtung des Schrifttums stellt man bei den Nachforschungen nach den physikalischen Ursachen der geometrischen Ungenauigkeiten fest, daß durch Experimente belegte Erkenntnisse kaum veröffentlicht sind.

In [7] werden Ausführungen über den Temperatureinfluß auf die geometrischen Fehler beim Warmfließpressen gemacht. Dort werden Formfehler am Schaft eines gepreßten Vollzylinders oder eines Napfes und Abweichungen des Werkstückmaßes vom Werkzeugmaß mit dem Temperaturverlauf während der Umformung begründet und es wird der Einfluß von Umformgrad und Rohteiltemperatur gezeigt.

In [5] wird für die Exzentrizitäten von durch Abstreckgleitziehen hergestellten zylindrischen Hohlkörpern gezeigt, daß eine in einem Hohlkörper vorhandene Exzentrizität der beiden Durchmesser durch weiteres Umformen zwar verkleinert wird, aber nicht beseitigt werden kann. Im Endergebnis bleibt das Verhältnis von maximaler zu minimaler Wanddicke bei allen Umformstufen erhalten.

In [12] wurde die Stempelbewegung beim Napf-Rückwärtsfließpressen untersucht und man kam zu dem Ergebnis, daß mit wachsender relativer Querschnittsänderung ε_A der Stempel während der Umformung weniger verläuft, so daß Näpfe mit geringeren Wanddickenunterschieden entstehen.

0. 4 <u>Aufgabenstellung</u>

Im Rahmen vorliegender Arbeit sollen diejenigen Einflußgrößen gefunden werden, mit denen möglichst weitgehend die auftretenden Ungenauigkeiten umformtechnisch hergestellter Werkstücke beschrieben werden können.

Dabei werden systematische Einflußgrößen in dem Umfang betrachtet, wie es zur Erkenntnis der Wirkung der zufälligen Einflußgrößen notwendig ist. Untersucht wird jeweils zunächst die unmittelbar wirkende Einflußgröße und sodann über die mittelbar wirkenden Größen auf die sich ergebenden Ungenauigkeitsanteile geschlossen. Bei der kritischen Würdigung der untersuchten Einflußgrößen soll diskutiert werden, in welchem Umfang sie beherrschbar sind, um daraus abzuleiten, wie beobachtete Ungenauigkeiten verkleinert werden können. Dies ist für die praktische Nutzanwendung von ebensolcher Bedeutung wie die Erkenntnis stark wirkender und vernachlässigbarer Einflüsse.

Diese Arbeitsziele bedingen, daß zunächst ein Überblick über die erreichbare Arbeitsgenauigkeit beim Kaltmassivumformen gewonnen wird. Liegt dieser Überblick vor, können die physikalischen Ursachen der wichtigsten auftretenden Fehler, die an Serien aus einem Werkzeug hergestellter Werkstücke zu beobachten sind, untersucht werden.

1 Überblick über die erreichbare Arbeitsgenauigkeit und Toleranzbestimmung mit Hilfe statistisch gesicherter Zusammenhänge für Stahlwerkstücke

Will man einen Überblick über die mit den Verfahren der Kaltmassivumformung erreichbare Arbeitsgenauigkeit gewinnen, so bieten sich wegen der Vielzahl der wirkenden und nach ihrem Gewicht unbekannten Einflußgrößen statistische Methoden an.

Unter Zuhilfenahme einfacher Vorstellungen - etwa durch gedankliche Verfolgung einer bestimmten Einflußgröße - könnte man zwar abschätzen, welche Bedeutung dieser Einfluß haben könnte; es müßten dann jedoch, um den Überblick über die erreichbare Arbeitsgenauigkeit zu erhalten, für alle Verfahren die denkbaren Einflüsse so verfolgt werden. Dabei wäre man vor die Schwierigkeit gestellt, wegen der normalerweise notwendigen Fertigungsfolge beginnend bei der Ausgangsform über mehrere Zwischenformen bis zur Endform unter Anwendung von unterschiedlichen Verfahren, die Ergebnisse der einzelnen Gedankenschritte superponieren zu müssen, um zum Endresultat zu kommen. Da absehbar ist, daß die Einflußgrößen unterschiedliches Gewicht haben, ferner zunächst auch unbekannt ist, wie die einzelnen Teilergebnisse bis zur Endform gewichtet werden sollen, erscheint dieser Weg für die Gewinnung des Überblickes wenig gangbar.

Es ist daher zu erwarten, daß mit Hilfe statistischer Methoden der gesuchte Überblick zuverlässiger gewonnen wird.

1.1 Grundlagen

Um eine brauchbare Aussagesicherheit gewonnener statistischer Beziehungen zu erhalten, ist es wichtig, repräsentative Stichproben für die zu beurteilenden Grundgesamtheiten auszuwählen.

In einer eigenen früheren Arbeit[1] ist die Stichprobenwahl erläutert. An 29 Werkstücken aus Stahl im Massebereich von ca. 60 Gramm bis 13 Kilogramm, deren Durchmesser ca. 13 bis 130 mm und deren Längen ca. 30 bis 425 mm maßen, wurden an 150 Stichproben etwa 15000 Einzelmessungen durchgeführt. Acht verschiedene Umform-verfahren konnten dabei genauigkeitsmäßig untersucht werden. Die Werkstückserien aller Proben stellten im Untersuchungszeitraum wertmäßig ca. 12 Prozent der Produktion im Fertigungsbetrieb dar.

In diesem Abschnitt vorliegender Arbeit soll untersucht werden, wel-che Streuwerte für geometrische Fehlergrößen kaltumgeformter Werk-stücke zu erwarten sind und ob sie mit bestimmten Werkstückkenngrö-ßen in Zusammenhang gebracht werden können, damit eine Prognose möglich wird darüber, wie ein herzustellendes Werkstück genauig-keitsmäßig voraussichtlich aussieht.

Mißt man kaltumgeformte Werkstücke aus und trägt die Häufigkeits-summen über den Merkmalachsen auf, so erkennt man, daß sich die geometrischen Fehler durch Gauß-Normalverteilungen darstellen las-. sen.

Die Streubereiche - aufgetragen über geometrischen Werkstückgrößen - stellen stark streuende, jedoch einen gewissen Trend erkennen lassen-de Meßpunktanordnungen dar, woraus folgt, daß mit den angenommenen Variablen allein die Erwartungswerte nicht erklärbar sind, funktionale Zusammenhänge also nicht vorliegen können (Bild 2).

Zur Ermittlung der Abhängigkeiten zwischen den Erwartungswerten der Streubereiche und geometrischen Größen der Werkstücke (oder ihrer Masse) wird deshalb das Verfahren der einfachen linearen Regression angewandt [16].

---

1) Leykamm, H.: Bestimmung der Maßstreuungen von Kaltfließpreß-teilen aus Stahl. - Diplomarbeit, Techn. Hochsch. München, 1967.

1.2 Ergebnisse der Berechnungen

Die mit Hilfe der Regressionsanalyse auf einem Rechner IBM 360/25 berechneten Beziehungen sind in Tabelle 1 und in den Bildern 3 bis 14 angegeben.

Man erkennt, daß die untersuchten Maß-, Form- und Lagefehler häufig in statistisch gesichertem linearen Zusammenhang mit dem kennzeichnenden Maß der Werkstücke stehen. Auch in Abhängigkeit von der Werkstückmasse läßt sich oft ein Zusammenhang angeben, während der Formfaktor - ein Maß für den Umformgrad - im wesentlichen nur bei der Wanddickendifferenz als "Einflußgröße" gesichert ist. Die in die Berechnung eingehenden Erwartungswerte für die Fehlergrößen wurden aus den Standardabweichungen der einzelnen Stichproben als $(\pm\,3\,\sigma)$-Werte ermittelt. Unter Zugrundelegung der Normalverteilung der Erwartungswerte bedeutet das, daß ca. 99,73 Prozent der zu den Stichproben gehörenden Grundgesamtheiten innerhalb dieser Grenzen liegen. Damit ist gewährleistet, daß bei Abschätzung des Erwartungswertes für die Herstelltoleranzen eines Werkstückes unter Zuhilfenahme der Tabelle 1 oder der Bilder 3 bis 14 solche Werte geschätzt werden, die nur von weniger als 1 Prozent der zur Grundgesamtheit gehörenden Werkstücke überschritten werden. Eine solche Unsicherheit kann bei Serienproduktion akzeptiert werden.

Die Rechenergebnisse nach Tabelle 1 und den Bildern 3 bis 14 erlauben den allgemeinen Schluß, daß zwischen Ungenauigkeitsgrößen und geometrischen Werkstückgrößen bzw. der Werkstückmasse empirische Beziehungen gefunden werden können.

Die gefundenen Beziehungen bedeuten jeweils Regressionsgeraden für $(\pm\,3\,\sigma)$-Werte. Sind mehrere Beziehungen angegeben, kann nach einer beliebigen gerechnet werden, da sie gleichwertig sind. Die Beziehungen mit geringer Streuung um die Regressionsgerade sind jeweils am besten gesichert. In der Gruppe "Lagefehler" wurden bei den Erhebungen überwiegend Wanddickendifferenzen hohlzylindrischer Werkstücke untersucht.

Nach den Ermittlungsergebnissen ist der Zylindrizitätsfehler je halber Zylinderlänge anzugeben. Es zeigte sich nämlich, daß dieser Formfehler über die Gesamtlänge nicht monoton ist. Ein "zylinderförmiges" Werkstück kann demnach seinen größten Durchmesser sowohl an den beiden Enden, an einem Ende, aber auch in Längsmitte aufweisen.

Die Beziehungen für Zylindrizitätsfehler geben maximale Fehler an, d.h., bei der Errechnung der Regressionsgeraden wurde zum durchschnittlich beobachteten Wert dreimal die Standardabweichung hinzuaddiert.

Mit den ermittelten empirischen Beziehungen lassen sich Voraussagen für die erreichbaren Herstelltoleranzen von kaltumgeformten Stahlwerkstücken treffen.

Dabei stellt die Regressionsgleichung

$$f(x) = y = a + bx \equiv \bar{y} + b(x - \bar{x}) \qquad (1)$$

die wahrscheinlichsten Werte dar. Für weitergehende Aussagen kann die obere und untere Erwartungsgrenzgerade, die in den Bildern 3 bis 14 eingezeichnet ist, herangezogen werden. Außerhalb dieser Grenzgeraden sind Stichprobenwerte für Ungenauigkeiten statistisch unwahrscheinlich. Die zur Herstellung der untersuchten Werkstücke angewandten Umformverfahren haben nicht in jedem Vergleichsfall charakteristische Genauigkeitsunterschiede ergeben, z.B. ergaben Außendurchmesser ein gleiches Genauigkeitsbild, ob durch Abstreckgleitziehen oder Hohl-Vorwärtsfließpressen hergestellt. Dies muß jedoch nicht grundsätzlich für alle Verfahrensvergleiche gelten.

So hat sich gezeigt, daß beim Setzen von abgesägten Rohteilen im geschlossenen Gesenk (ein Umformverfahren, das bei der Stichprobenwahl für vorliegende Untersuchung nicht betrachtet wurde, weil es normalerweise zur Herstellung von durchmessergenauen und planparallel-
len Vorformen benutzt wird) Durchmesserfehler auftreten, die oberhalb der oberen Erwartungsgrenzgeraden des Bildes 4 liegen.

1.3 Grenzen der Toleranzbestimmung mit Hilfe statistisch gesicher-
    ter Zusammenhänge

Wenn man mit Hilfe statistisch gesicherter Zusammenhänge Vorher-
sagen der tatsächlich in der Serie eines bestimmten Werkstückes auftretenden Ungenauigkeitsgrößen machen soll, sind diesem Vorhaben
durch die Schwankungen der Stichprobenergebnisse um die zugehörigen Regressionen Grenzen gesetzt. Dieses Verfahren hat somit eine
gewisse Unschärfe. Trotz Vorliegens statistisch gesicherter Zusammenhänge kann der genau eintretende Ungenauigkeitswert nicht gefunden werden. Die Ursache hierfür liegt darin, daß die Werkstückkenn-
größen in den statistischen Beziehungen nicht die physikalischen Wirkungsgrößen darstellen. Die statistischen unabhängigen Variablen deu-
ten jedoch diese Wirkungsgrößen an. Ein Beispiel aus dem Schrifttum
belegt dies:

Nach Tabelle 1 und Bild 8 steht die Wanddickendifferenz von Hohlzy-
lindern in statistisch gesichertem Zusammenhang mit dem Formfaktor f, der sich errechnet aus

$$f_{vol} = \frac{V_{h_o}}{V_{h_1}} \quad , \tag{2}$$

dem Verhältnis aus den Hüllvolumina von Vorform und Werkstückform nach dem betrachteten Umformschritt.

Der Formfaktor f_{vol} ist ein Maß für den Umformgrad . Für das Napf-Rückwärtsfließpressen wird

$$f_{vol} = \frac{V_{h_o}}{V_{h_1}} = \frac{d_o^2 \frac{\pi}{4} \cdot h_o}{d_1^2 \frac{\pi}{4} \cdot h_1} = \frac{h_o}{h_1} \qquad (d_o = d_1) \qquad (3)$$

Die Werkstückhöhe h_1 nach Umformung ist proportional der relativen Querschnittsänderung ε_A und dem Stempelweg s_U. Somit

$$f_{vol} = \frac{h_o}{h_o + s_U \cdot \frac{\varepsilon_A}{1 - \varepsilon_A}} \qquad (4)$$

Mit wachsendem ε_A und s_U nimmt f_{vol} ab, woraus nach Bild 8 die Wanddickendifferenz geringer wird. In [12] wurde nachgewiesen, daß mit abnehmendem ε_A und zunehmendem s_U der Stempel beim Napf-Rückwärtsfließpressen während des Arbeitshubes von der Mittelachse des Werkstückes zunehmend abweicht (verläuft), so daß sich ungenauere Werkstücke ergeben. Bei großem ε_A (f klein) wird dagegen der Stempel in zentraler Lage gehalten. Auf die physikalischen Wirkungsgrößen, wie Biegesteifigkeit des Stempels, Formänderung, Arbeitsweg . und Spannungszustand (radiale Stempelkräfte) wird somit durch die statistische Variable f deutlich hingewiesen.

Für die praktische Ungenauigkeitsprognose sind die gefundenen statistischen Abhängigkeiten brauchbare Hilfsmittel: Die zu erwartenden Ungenauigkeiten treten wahrscheinlich in enger Umgebung der Regressionsgeraden auf. Sie brauchen nicht außerhalb den angegebenen Grenzkurven vermutet zu werden. Treten Ungenauigkeiten außerhalb der Grenzlinien auf, so ist dies ein sicherer Hinweis, daß besondere Verhältnisse - die in jedem Falle einer Nachprüfung wert sind - vorliegen; liegt die Ungenauigkeit oberhalb der oberen Grenzlinie, kann z.B. ungünstige Verfahrensfolge oder Werkstückform gegeben sein, treten Ungenauigkeiten unterhalb der unteren Grenzlinie auf, kann dies ein Hinweis auf besonders günstige Randbedingungen sein, der im Interesse der Weiterentwicklung zu besserer Arbeitsgenauigkeit verfolgt werden kann.

Bei der Beurteilung der Brauchbarkeit statistischer Beziehungen für die Ungenauigkeitsprognose muß auch beachtet werden, daß in der Praxis die Ungenauigkeitsangabe in ISO-Qualität ausreichend ist. Die ISO-Toleranzfelder haben von Qualität zu Qualität den Stufensprung 1, 6. Es stört somit nicht, daß den statistischen Beziehungen durch die Streuungen der Stichprobenergebnisse die erwähnte Unschärfe eigen ist. Deshalb ist ein auf statistischen Beziehungen aufgebautes einfaches Verfahren zur Ungenauigkeitsprognose an kaltumgeformten Werkstücken brauchbar. Seine Grenzen sind damit ebenfalls aufgezeigt.

Will man nähere Zusammenhänge zwischen physikalischen Ursachen und einzelnen geometrischen Ungenauigkeitsanteilen gewinnen, so müssen die systematisch und zufällig wirkenden Einflußgrößen untersucht werden. Wenn überhaupt, kann mit diesen Zusammenhängen eine größere Vorhersagesicherheit erwartet werden.

2 **Einfluß der Schwankungen der Rohteilmasse auf die Arbeitsgenauig-**
keit

Beim Umformen bleibt die Werkstückmasse erhalten. Für schmelz-
metallurgisch hergestellte Werkstoffe wird in der Umformtechnik all-
gemein davon ausgegangen, daß während der Umformung keine Dichte-
änderungen eintreten, woraus die Volumenkonstanz der Werkstücke
folgt. Es liegt somit nahe, daß Schwankungen der Rohteilmasse im
wesentlichen in solche Maße des umgeformten Körpers eingehen, die
durch freies Fließen des Werkstoffes erzeugt werden. Es ist andererseits aber nicht auszuschließen, daß auch werkzeuggebundene oder
maschinenweggebundene Maße von den Rohteilmasseschwankungen beeinflußt werden.

So werden in [15] und [24] Beziehungen angegeben, mit deren Hilfe
für maschinenweggebundene Maße (Bodendicken, Flanschdicken) die
Auswirkungen von Rohteilhöhenschwankungen errechnet werden können. Allerdings ist es notwendig, Kenntnis der übrigen Einflüsse und
deren Auswirkungen zu besitzen, damit quantitativ angegeben werden
kann, wie weit eine Beeinflussung der tatsächlich beobachteten Ungenauigkeiten von den Rohteilvolumenschwankungen gegeben ist. Ergänzend zu den theoretischen Untersuchungen in [15, 24] soll hier expe-
rimentell zur Klärung beigetragen werden.

2.1 Auftretende Masseschwankungen an Rohteilen

Die Rohteilherstellung in der Umformtechnik erfolgt überwiegend
durch Trennen von Abschnitten definierten Volumens und bestimmter
Länge von gewalzten, stranggepreßten oder gezogenen Stäben. Hierbei kommen vorwiegend Absägen und Abscheren in Betracht. Von sehr

flachen Rohteilformen abgesehen, werden die Rohteile aus Stäben mit Kreisquerschnitt erzeugt. Dabei treten Masseschwankungen infolge von Durchmesserunterschieden der Stäbe und von Vorschubungenauigkeiten auf.

2.1.1 Gesägte Rohteile

Für das Absägen von Rohteilen werden meist Kaltkreissägen eingesetzt. Die Prüfung auf vorgeschriebenes Volumen geschieht über Gewichtskontrollen (Massekontrollen); notwendige Masse-Korrekturen werden durch Längenkorrekturen vorgenommen gemäß der Beziehung

$$\Delta m = A \cdot \Delta l \cdot \rho_m \tag{5}$$

Die Gesamtmasse des Rohteils ist für den Kreiszylinder

$$m = d^2 \frac{\pi}{4} \cdot l \cdot \rho_m \tag{6}$$

oder
$$m = d^3 \frac{\pi}{4} \cdot \frac{l}{d} \cdot \rho_m \tag{7}$$

weil auch das Verhältnis l/d für die Rohteilabmessungsbeschreibung gewählt wird.

Die Durchmesser der Stäbe weisen bestimmte Toleranzen auf, die z. B. für warmgewalzten Stabstahl in DIN 1013 genormt sind. Beim Absägen werden, um massegleiche Rohteile zu erzeugen, die Durchmesserunterschiede wie erwähnt dadurch korrigiert, daß bei Kontrollen festgestellte Abweichungen über die Rohteillänge ausgeglichen werden. Für die nachfolgende Betrachtung darf deshalb der Stabdurchmesser d als konstant angesehen werden:

$$m = const. \cdot l \; ; \quad \Delta m = const. \cdot \Delta l \; ;$$

$$\frac{\Delta m}{m} = \frac{\Delta l}{l} \; ; \quad \frac{\Delta m}{m} \cdot l = \Delta l \qquad \text{aus} \qquad (6)$$

entsprechend $\qquad \dfrac{\Delta m}{m} \cdot \dfrac{l}{d} = \Delta\left(\dfrac{l}{d}\right)$ $\qquad$ aus (7)

Δl bzw. Δ (1/d) setzen sich zusammen aus der maschinenbedingten Längenschwankung (Δ 1 masch) und der notwendigen Längenkorrektur aufgrund schwankender Stabdurchmesser.

Für den Idealfall der Durchmesserkonstanz werden deshalb die Beziehungen (6,7) zu

$$\frac{\Delta m}{m} \cdot l = \text{Konstante}_1 \qquad (8)$$

und

$$\frac{\Delta m}{m} \cdot \frac{l}{d} = \text{Konstante}_2 \; . \qquad (9)$$

Beide Gleichungen beschreiben gleichseitige Hyperbeln. Es zeigt sich, daß ein durch Absägen hergestelltes Rohteil relativ zu seiner Masse um so massegenauer wird, je schlanker es ist. Aus $(6, 7)$ kann ersehen werden, daß für den Idealfall durchmesserkonstanter Rohteile

$$\Delta m = \frac{\pi}{4} \, \varrho_m \Delta l \, d^2 \qquad (10)$$

und

$$\Delta m = \frac{\pi}{4} \, \varrho_m \Delta\left(\frac{l}{d}\right) d^3 \qquad \text{gilt.} \qquad (11) \; .$$

Somit kann für die absolute Masseschwankung

$$\Delta m = const. \cdot d^{\beta} \; ; \quad 2 < \beta < 3 \qquad (12)$$

erwartet werden. Dies ist die Gleichung einer Parabel. Damit ist die absolute Masse- oder Volumenschwankung eines kreiszylindrischen Rohteils unabhängig von der Rohteillänge.

Das Ergebnis der Nachprüfung der Beziehungen (8, 9, 12) wird in den Bildern 15, 16 und 17 gezeigt. Die abgeleiteten Beziehungen werden für gesägte Rohteile gut bestätigt.

2.1.2 Gescherte Rohteile

Das Abscheren von Rohteilen von der Stange erfolgt am häufigsten
derart, daß die angestrebte Rohteilmasse über den Anschlag für
eine Serie unverrückbar eingestellt wird. Technisch mögliche Korrekturen der Masse innerhalb der Serie wie beim Absägen werden
dabei nicht durchgeführt (um die Produktivität des Verfahrens
nicht negativ zu beeinflussen). Wegen der deshalb über die gesamte Serie gleichbleibenden Rohteillänge gehen die Durchmesser-
schwankungen voll in die Masseschwankungen ein, womit aus
Gleichung (6) folgt

$$\Delta m = \frac{\pi}{4} \cdot \rho_m \cdot l \cdot d \cdot 2 \cdot \Delta d \tag{13}$$

Da die Δd bekannt sind, können aus der Geradengleichung (13) die
zu erwartenden Masseschwankungen errechnet werden.

Natürlich hat auch das Abscheren von Rohteilen eine verfahrensgebun-
dene Rohteillängenschwankung. Die Frage, ob diesen Schwankungen
eine wesentliche Bedeutung beizumessen ist, kann durch folgende
Überlegung geklärt werden:

In 2.1.1 wurde gezeigt, daß für diesen Fall Beziehungen gültig sein
müssen, die durch Hyperbeln (8) und (9) dargestellt werden. In die
Bilder 15 und 16 eingetragene Scherergebnisse zeigen jedoch nicht
diese Tendenz folglich haben die Längenschwankungen keine domi-
nierende Bedeutung. Die errechnete Geradengleichung (13) wird also
durch das Experiment bestätigt.

Für praktischen Gebrauch kann (13) umgeschrieben werden zu

$$\Delta m = \frac{\pi}{4} \cdot \rho_m \cdot l \cdot d \cdot 2 \cdot \Delta d \cdot \frac{d}{d} = 2 \cdot \frac{\Delta d}{d} \cdot m \tag{14}$$

Nach dieser Beziehung gerechneten Geradenscharen sind bei Berücksichtigung der $\frac{\Delta d}{d}$ gemäß DIN 1013, halbe Werte[1], in Bild 18
gezeichnet. Die absoluten Masseschwankungen durch Abscheren her-

---

1) Der heutige Stand der Walzwerkstechnik gestattet für Durchmessertoleranzen warmgewalzter Stäbe halbe Werte der DIN 1013 anzusetzen.

gestellter Rohteile hängen somit bei gegebenem Durchmesser von der Rohteilmasse ab. Die relative Masseschwankung nimmt von ca. 4,5 % für d = 30 mm, m = 1000 g auf 2,5 % für d = 80 mm, m = 4000 g ab. Dieses Ergebnis wird auch durch die Erfahrung gut bestätigt.

2.2 Auswirkungen auf die Arbeitsgenauigkeit

Nachdem die auftretenden Masseschwankungen nach Größe und Abhängigkeiten erklärt sind, können ihre Auswirkungen auf die Arbeitsgenauigkeit untersucht werden.

2.2.1 Eigene Versuche

Dazu wurde an neun Werkstückserien aus Stahl mittels Stichproben die Werkstückmasse ermittelt und bestimmten Werkstückmaßen gegenübergestellt. Herangezogen wurden die Umformverfahren Abstreckgleitziehen, Formpressen mit Grat, Hohl-Vorwärtsfließpressen, Bodenpressen, kombiniertes Napf-Rückwärts/Voll-Vorwärtsfließpressen, Napf-Rückwärtsfließpressen und mit Flanschstauchen kombiniertes Napf-Rückwärtsfließpressen. Dabei wurden gemessen:

Maßart	Abmessungsbereich mm	Anzahl der untersuchten Maße
Werkzeuggebundene Außendurchmesser	19 bis 91	8
Werkzeuggebundene Innendurchmesser	27,5 bis 42	6
Maschinengebundene Maße, z.B. Bodendicke, Flanschdicke	2 bis 12	9
Freifließende Längen	18 bis 48,5	9

Diese für diese Maße gemessenen Werte wurden in Abhängigkeit von der Werkstückmasse aufgetragen.

2.2.2 Diskussion der Ergebnisse

Die Bilder 19 bis 21 zeigen jeweils ein repräsentatives Ergebnis für
werkzeuggebundene und maschinengebundene Maße über der Werkstückmasse aufgetragen. Man erkennt, daß werkzeug- und maschinengebundene Maße keine Abhängigkeit von der Rohteilmasse zeigen. Daraus
folgt, daß für inkompressiblen Werkstoff der Stoffüberfluß (Masseschwankungen) in den freifließenden Längen wiederzufinden sein muß.

Dies belegt Bild 22, in welches auch die Funktion der Überlauflänge
(Gl. (5)) eingetragen ist. Das heißt, daß auch geometrische Ungenauigkeiten von Zwischenformen (die als Volumenschwankungen zuzuord-
nender Teilkörper angesehen werden können) nur freifließende Längen
beeinflussen: Maß- und Formfehler von Zwischenformen teilen sich
nicht als solche auf die Endform mit.

Ist an einem Werkstück mehr als ein freier Überlauf vorhanden, so
sind folgende zwei Fälle zu unterscheiden:

a) Die Überläufe werden in nacheinanderfolgenden Umformarbeits-
    gängen erzeugt. Für diesen Fall variieren die Überläufe entspre-
    chend den Masseschwankungen der umgeformten Teilkörper.

b) Die Überläufe werden in einem Umformarbeitsgang erzeugt (z.B.
    kombiniertes Napf-Vorwärts-/Napf-Rückwärtsfließpressen). Für
    diesen Fall wird das insgesamt überlaufende Volumen in Teil-
    überläufe aufgeteilt. In freiem, umgesteuertem, sich selbst re-
    gelnden Werkstofffluß stellen sich nach [42] die Lochtiefen der
    beiden Teilnäpfe nicht mehr allein entsprechend der Kontinuitäts-
    bedingung ein, sondern in Abhängigkeit vom Energie- bzw. Kraft-
    bedarf der kombinierten Vorgänge so, daß unter Fließscheiden-
    bildung ein Minimum an Umformleistung erforderlich wird. Da-
    bei fließt der größere Teil des umgeformten Werkstoffvolumens
    in den Teilvorgang, der als Einzelvorgang die kleinere Umform-
    kraft benötigt.

Die formgebenden Werkzeugöffnungen werden unter der Wirkung der
aus dem Umformvorgang resultierenden Kräfte durch elastische Federungen von Werkzeug- und Maschinenbauteilen verändert. Deshalb
weichen die erzeugten Werkstückmaße von den Abmessungen der unbelasteten Werkzeuge ab. Schwankungen der Kräfte führen zu streuenden
Werkstückmaßen. Die Umformkraft wird bei gegebener Geometrie,
vor allem durch die Fließspannung des Werkstückwerkstoffes und
durch Reibung in der Wirkfuge zwischen Werkstück und Werkzeug beeinflußt. Der Einfluß der Schwankungen beider Vorgangsgrößen auf
Umformkraft und Arbeitsgenauigkeit soll deshalb im folgenden betrachtet werden.

3.1   Fließspannungsschwankungen

Die Ermittlung der Schwankungen der Fließspannung kann u.a. in Ver-
suchsreihen an den Werkstoffen erfolgen. Dabei können etwa durch
Stauchversuche Mittelwert und Standardabweichung dieser Kenngröße
festgestellt werden. Geht man so vor, dann ist es nicht möglich, einen
Zusammenhang zwischen der Fließspannung eines bestimmten Rohteils
und einem erreichten Maße des aus diesem Rohteil hergestellten Werkstückes zu untersuchen, weil durch die Ermittlung der Fließspannung
das Rohteil verbraucht wurde. Soll aber ein solcher Zusammenhang
untersucht werden, muß eine andere Methode zur Ermittlung der Fließspannung gewählt werden.

3.1.1 <u>Größenordnung der Fließspannungsschwankungen</u>

Die Streckgrenze von Stahl hängt mit seiner Zugfestigkeit in weichge-
glühtem Zustand über das Streckgrenzenverhältnis zusammen. Die
Zugfestigkeit von Metallen kann näherungsweise aus der Brinellhärte
ermittelt werden, für Stahl gilt nach DIN 50150

$$R_m \approx (3,4 \text{ bis } 3,6) \cdot HB \qquad N/mm^2 \qquad (15)$$

Die Streckgrenze entspricht bei Umformbeginn praktisch der Fließspannung k_{f_0} . Für diesen Punkt der Fließkurve gilt damit ein Zusammenhang zwischen Fließspannung und Härte. In [34] wird für Stahl gezeigt, daß über den gesamten Umformbereich zwischen der Fließspannung und der Härte eine Beziehung hergestellt werden kann. Deshalb
können mit der "zerstörungsfreien" Härtemessung Maße und Fließspannung am gleichen Werkstück untersucht werden. In Vorversuchen
wurde die Härteschwankung weichgeglühter Stähle zu $\pm$ 5 HB bis $\pm$ 8 HB
festgestellt. Damit kann bei weichen Stahlsorten (mit einer Brinellhärte von ca. 100 bis 160) die Fließspannung innerhalb einer Glüh-
charge um ca. $\pm$ 5 Prozent schwanken. Die Meßunsicherheit der Här-
tebestimmung ist darin enthalten.

3.1.2 <u>Auswirkungen auf die Arbeitsgenauigkeit</u>

Die genannte Fließspannungsschwankung von insgesamt ca. 10 Prozent führt zu einem entsprechenden Kraftschwankungsanteil, der sich
wie bereits ausgeführt auf die Werkstückmaße mitteilt. Dann muß
der Härteeinfluß am deutlichsten dort beobachtet werden, wo die größten Federungen auftreten, dies ist bei mechanischen weggebundenen
Pressen in Arbeitsrichtung der Fall. Damit eignen sich Bodendicken
beim Napf-Rückwärtsfließpressen oder Flanschdicken besonders zur
Untersuchung der Wirkung von Fließspannungsschwankungen.

Eine entsprechende Abschätzung in [24] ergibt Gesamtfederungen bei Nennkraft von mehreren Millimetern. Diese Größenordnung wird auch in einer eigenen Abschätzung in Abschnitt 3.2.2.2 gefunden. Aus den Umformkraftschwankungen folgen damit Federungsschwankungen von mehreren Zehntel mm in Arbeitsrichtung.

3.1.2.1 Eigene Versuche

Auf einer Kurbelpresse mit F_N = 3150 kN wurden bei konstant gehaltener Umkehrpunkteinstellung aus den Werkstoffen Al 99,5; ECu; Ma8; Ck15; Ck 35 und 16 MnCr 5 durch Napf-Rückwärtsfließpressen Näpfe mit den Abmessungen d_0 = 50 mm, d_i = 30 mm, h_0 = 29 mm umgeformt. Ferner wurden auf verschiedenen Kurbelpressen folgende 8 Werkstücke aus Serienfertigungen (Napf-Rückwärtsfließpressen) zur Untersuchung des Zusammenhanges Bodendicke/Rohteilhärte herangezogen:

Stoff	Rohteilmaße d_0	h_0	Fertigteilmaße Bodendicke s_B	d_i
	mm	mm	mm	mm
Ma 8	⌀ 55 x 20		3,5	⌀ 30,2
Ma 8	⌀ 41 x 18		6,0	⌀ 29,0
Ma 8	⌀ 90 x 54		9,5	⌀ 47,0
Ma 8	⌀ 75 x 45		23,0	⌀ 54,5
Ma 8	⌀ 50 x 40		17,0	⌀ 31,0
Ma 8	⌀ 70 x 50		38,5	⌀ 62,3
Ma 8	⌀ 60 x 15		4,5	⌀ 36,4
Ma 8	⌀ 90 x 24		13,0	⌀ 71,2

3. 1. 2. 2 Diskussion der Ergebnisse

Die Versuchsergebnisse (Bilder 23 und 24) zeigen, daß die Bodendicke der napfförmigen Werkstücke linear von der Werkstückhärte
vor und nach der Umformung abhängt. Dies wird auch durch Angaben
im Schrifttum bestätigt [2, 41] .

Die Tatsache, daß innerhalb jeder Werkstückserie aus einem bestimmten Werkstoff keine Abhängigkeit zwischen Bodendicke und Werkstückhärte sichtbar ist (Bilder 23 und 24), belegt, daß der vorhandene
lineare Zusammenhang beider Größen offensichtlich von weiteren Einflüssen überdeckt wird. Dies ist durch die in den Bildern eingetra-
genen Spannweiten für Bodendicke und Werkstückhärte kenntlich gemacht.

Analog zu den Aufzeichnungen der Bodendicke über der Werkstückhärte werden in den Bildern 25 bis 28 die Napfaußen- und Napfinnen-
durchmesser dargestellt. Während für den Außendurchmesser die obigen Beobachtungen bestätigt werden können, trifft dies für den Innendurchmesser nicht zu. Da auch hier wie bei den Bodendicken das
Wirken weiterer Einflüsse sichtbar wird, soll ein wichtiger, den
Zusammenhang zwischen Bodendicke und Härte möglicherweise "stö-
render" Einfluß näher betrachtet werden; diese "Störgröße" könnte die
Änderung des Werkzeugfederungsverhaltens in Arbeitsrichtung, hervorgerufen durch das bekannte, unvermeidliche Verlaufen des Stempels während der Umformung sein. Durch dieses Verlaufen werden
Wanddickendifferenzen am Napf verursacht, so daß ggf. durch Unter-
suchungen des Zusammenhanges Bodendicke/Wanddickendifferenz
Klärung erwartet werden könnte. Diese Erwartung wird jedoch, wie
Bild 29 zeigt, nicht bestätigt.

Auch aus [12] geht hervor, daß sich im hier zu betrachtenden Bereich der Wanddickendifferenz keine Veränderung der Umformkraft
und damit keine Beeinflussung der Bodendicke ergeben kann.

Da nach Bild 30 und Bild 32 zwischen Umformkraft und Werkstückhärte eine lineare Beziehung herrscht und nach Bild 31 die erreichte Bodendicke auch innerhalb der Versuchsserien aus "gleichem" Werkstoff von der Umformkraft abhängt, müssen aus Härteunterschieden sich ergebende Maßschwankungsanteile errechnet werden können, sofern zwischen Maß und Härte eine lineare Beziehung vorliegt und bekannt ist.

Obwohl es nicht möglich ist, aus der gemessenen Härte eines gegebenen Rohteils das sich nach seiner Umformung exakt einstellende Maß zu errechnen, kann wie in Bild 23 unter Ansatz der in Vorversuchen festgestellten 10 HB bis 16 HB Härteschwankungen eine Bodendickenschwankung von 0, 28 mm bis 0, 44 mm der Serie errechnet werden. Tatsächlich waren bei den Stahlversuchsgruppen des Bildes 23 Bodendickeschwankungen von 0, 2 mm bis 0, 3 mm bei 10 HB Härteschwankungen zu beobachten. Dies ist eine gute Übereinstimmung.

Entsprechend kann auch für den Napfaußendurchmesser wegen Vorliegens eines linearen Zusammenhanges aus der Härteschwankung auf die Maßschwankung geschlossen werden (Bilder 25, 26 und 30). Eine Rohteilhärteschwankung von 10 HB bis 16 HB führt nach Bild 25 zu einer Maßschwankung von 0, 008 mm bis 0, 013 mm. Demgegenüber können - wie die Angabe der Spannweite z. B. in Bild 25 zeigt - etwa 0, 03 mm Maßschwankung bei 10 HB Härteschwankung gemessen werden. Dies bedeutet, daß nur ein Anteil der gesamten beobachteten Durchmesser-Maßschwankung von der Härteschwankung herrühren kann. Die größere radiale Werkzeugsteifigkeit (bezogen auf die Umformkraft) - über den gesamten aufgetragenen Härtebereich kommt nur ein Durchmesserunterschied von 0, 15 mm (Bild 25) gegenüber mehr als 4 mm Bodendickenunterschied zustande (Bild 23) - läßt die bereits erwähnten weiteren Einflüsse relativ stärker sichtbar werden, die schließlich im Falle des Napfinnendurchmessers (Bild 27 und Bild 28) den Einfluß der St offhärte vollkommen überdecken. Hier besteht kein monoton ansteigender Zusammenhang mehr zwischen Maß und Härte.

3.2 Reibwertschwankungen

Bei der Kaltmassivumformung werden in der Wirkfuge zwischen Werkzeug und Werkstück hohe Belastungen übertragen. Sowohl in den Haft-
reibungs- als auch in den Gleitreibungszonen ergeben sich erhebliche
Schubspannungen. Nur in seltenen Fällen liegt hydrodynamische Reibung vor.
Kennzeichen umformtechnischer Reibvorgänge ist vielmehr die soge-
nannte Grenzreibung mit μ = 0,05 bis μ = 0,15, bei der die Reibpartner durch
wenige Moleküllagen des Schmierstoffes nur soweit getrennt werden,
daß es partiell auch zu metallischer Berührung kommt.

Über die Grenzreibung wird erst in jüngerer Zeit z.B. in [17, 26, 31]
berichtet, wobei die Erforschung der Wirkungen der Reibung auf die
auftretenden Spannungen und Verzerrungen im umzuformenden Werkstück und damit ihre Bedeutung für Umformkräfte und Umformarbei-
ten im Vordergrund stehen. Der Einfluß der Reibung auf die Temperaturen in der näheren Umgebung der Wirkfuge wurde z.B. in [11]
betrachtet.

Weil bisher eine Abschätzung des Reibungseinflusses auf die Arbeitsgenauigkeit fehlt, soll, ausgehend von Schrifttumsansätzen für Kräfte
und Spannungen mit Reibungsglied, dessen Bedeutung für die Arbeitsgenauigkeit diskutiert werden. Wie zumeist in der elementaren Plastizitätstheorie soll dabei der Reibwert über der Kontaktfläche als
konstant betrachtet werden.

3.2.1 Größenordnung der Reibwertschwankungen

Nach verschiedenen Schrifttumsangaben [3, 18, 32, 28] darf die Größe der Schwankungen des sich einstellenden Reibwertes übereinstim-
mend zu 10 Prozent angenommen werden. Die Reibwertschwankung

nimmt damit die gleiche Größenordnung wie die Fließspannungsschwankung und die Umformkraftschwankung an.

3.2.2 Auswirkungen auf die Arbeitsgenauigkeit

Die Untersuchung der Auswirkungen auf die Arbeitsgenauigkeit wird an solchen Umformvorgängen geführt, bei denen erhebliche Wirkungen der Reibung auf die Umformkraft erwartet werden müssen, und wo unter der Wirkung der Umformkraftschwankungen erhebliche Werkzeugabmessungsänderungen und damit Maßschwankungen zustande kommen.

3.2.2.1 Stauchen zwischen ebenen Werkzeugbahnen

Beim Stauchen zwischen ebenen Werkzeugbahnen sich ergebende Maßfehler stellen den weit überwiegenden Anteil am Gesamtfehler dar, der sich aus Maßfehler und Stauchbahnwölbungsfehler [20] zusammensetzt.

Damit beim Stauchen ebene Querschnitte während der Umformung eben bleiben - dies ist ebenfalls eine übliche Bedingung in der elementaren Plastizitätstheorie - dürfen beim Umformvorgang rechnerisch nur Gleitzonen, keine Haftzonen zugelassen werden. Nach [31] führt die Begrenzung von $\tau = \mu \cdot \sigma$ auf den Wert der Schubfließgrenze $1/\sqrt{3}\, k_f$ über die Gleichung $\sigma = \frac{1}{\mu\sqrt{3}} k_f = k_f\, e^{\frac{\mu \cdot 2 \cdot r_\alpha}{h}\left(\frac{r_\alpha - r}{r_\alpha}\right)}$ zu dem Radius

$$r_H = r_\alpha - \frac{h}{2\mu} \cdot \ln\left(\frac{1}{\mu\sqrt{3}}\right) . \qquad (16)\ [31]$$

Durch Beschränkung der zugelassenen Rohteilabmessungen und Um-

formgrade für die anzustellende Betrachtung auf nur solche Werte,
bei denen $r_H \leq 0$ wird, kann für in Tabelle 2 zusammengestellte
Werkstücke der Einfluß von Reibungsveränderungen auf das erreichte Dickenmaß diskutiert werden. Für den Bereich der Gleitreibung,
für den nach Angaben in [3] und [18] mit Reibwerten von 0,05 bis 0,2
gerechnet werden kann, wird damit für den technisch wichtigsten Fall
des Umformens mit Schmierung ein ausreichendes Werkstückabmes-
sungsspektrum abgedeckt.

Wenn nur Gleiten an den Oberflächen zugelassen wird ($r_H \leq 0$) ergibt die Beziehung für die Gesamtkraft, auf den Probenquerschnitt
und die Fließspannung bezogen, den mittleren dimensionslosen Druck
nach [31],

$$\frac{\sigma_m}{k_f} = \frac{1}{2}\left(\frac{h}{\mu\, r_a}\right)^2 \left(e^{2\mu\frac{r_a}{h}} - 2\frac{\mu \cdot r_a}{h} - 1\right) \qquad (17)$$

Die Änderung von σ_m/k_f mit unterschiedlichem μ von Werkstück zu Werkstück gibt an, wie sich dabei die Umformkraft am Ma-
schinenumkehrpunkt ändert. Sie ist somit eine Einflußgröße auf die
Maßschwankungen.

Bild 33 zeigt die Größe σ_m/k_f über dem Reibwert aufgetragen.
Die Grenzkurve gibt den Bereich an, bis zu dem die Betrachtungen
unter den gemachten Voraussetzungen angestellt werden dürfen. Wichtige Erkenntnis ist, daß für übliche Reibwerte geschmierter Reibpartner beim Stauchen eine Veränderung von μ innerhalb eines Fertigungs-
loses bei gegebener "einheitlicher" Schmierung eine Änderung der
maßerzeugenden Umformkraft ergibt. Es kann der Kurvenschar weiter entnommen werden, daß z.B. ausgehend von einem serienbezoge-
nen mittleren Reibwert $\mu = 0,1$ bei dessen Schwankungen um
10 % je nach Geometrie des Werkstückes daraus eine Kraft- und somit
Federungsschwankung von 8 % bis 38 % der nach [35] anzusetzen-

den Schwankungen der Gesamtumformkraft bzw. Gesamtfederung folgt.
Die aus Fließspannungsschwankungen folgenden Kraft- und Federungsschwankungen übertreffen somit den Anteil aus der Reibwertschwankung besonders bei nicht zu flachen Teilen ganz erheblich.

3.2.2.2 Napf-Rückwärtsfließpressen

Für die Beurteilung des Reibungseinflusses auf Bodendicken beim
Napf-Rückwärtsfließpressen können die Ergebnisse in [28] zu Hilfe
genommen werden:

Danach stellt die Wandreibkraft (Reibkraft an der Preßmatrizen-
wandung) den größten Anteil an der Gesamtreibkraft dar, so daß
der Reibungseinfluß auf die Bodendicke näherungsweise durch Diskussion der Wandreibkraft beurteilt werden kann.

Die auf die maximale Stempelkraft bezogene Wandreibkraft nimmt
beim Napf-Rückwärtsfließpressen von Stahl mit kleiner werdendem
ε_A erheblich zu. Bei ε_A von etwa 0,15 bis 0,35 beträgt sie je
nach Rohteilhöhe maximal 20 % bis 40 % der Stempelkraft. Bei
$\varepsilon_A > 0,4$ - das gilt für die am häufigsten vorkommenden Werkstücke - beträgt sie dagegen nur etwa 5 % bis 15 % der Stempelkraft [28].

Ergeben sich bereits nach diesen Überlegungen vor allem für die
am häufigsten vorkommenden Werkstücke ($\varepsilon_A > 0,4$) reibkraftschwan-
kungsbedingte Federungsanteile von nur 5 % bis 15 % der Gesamt-
federungsschwankung, so kann wegen des vor Erreichen des unteren
(maßbildenden) Pressenumkehrpunktes zu erwartenden deutlichen Ab-
falls der Wandreibkraft [28] zuverlässig gesagt werden, daß die
Bodendickenschwankungen im wesentlichen nicht von Reibkraftschwan-
kungen verursacht werden können.

Es ergibt sich dadurch das gleiche Bild wie beim Stauchen zwischen ebenen Werkzeugbahnen:

Nur unter extremen geometrischen Verhältnissen ist ein deutlich merkbarer Reibkraftschwankungseinfluß zu erwarten. Der hauptsächliche Einfluß ist durch die Schwankungen der Fließspannung gegeben.

Daraus ergeben sich Umformkraftschwankungen, die in direktem Zusammenhang mit den Bodendickenschwankungen (und entsprechend auch mit Flanschdickenschwankungen) stehen (Bilder 24, 30, 31). Der Zusammenhang der Bodendicken mit der Umformkraft ist dabei als Federkennlinie des Systems Werkzeugaufbau und Maschine zu interpretieren; für ein konkretes Versuchsbeispiel (Bild 31) ließ sich zeigen, daß je 100 kN Kraftschwankung für den vorliegenden Aufbau mit 0,36 mm Federungsschwankung (entspricht ungefähr der Bodendickenschwankung) zu rechnen ist.

Bei den mit diesem Aufbau hergestellten Stahlwerkstücken (Bilder 24, 30, 31) wurden Kraftschwankungen von 50 kN bis 80 kN gemessen. Die daraus sich ergebenden Bodendickenschwankungen von 0,18 mm bis 0,29 mm finden in den gemessenen Werten von 0,2 mm bis 0,3 mm eine sehr gute Übereinstimmung.

Das vorliegende Ergebnis bei maschinengebundenen Maßschwankungen läßt sich verallgemeinern: In [24] führt eine Abschätzung der Gesamtfederung des Systems Werkzeug/Umformmaschine bei Nennkraft zu Auffederungen von mehreren mm. Es läßt sich leicht errechnen, daß beispielsweise ein Napfpreßstempel aus Stahl (E-Modul 210 000 N/mm^2), der bei Stahlumformung mit 2500 N/mm^2 belastet wird, um 1,2 % seiner Länge federt. Bei 250 mm Stempellänge sind dies 3 mm.

Nachdem in [35] beim Fließpressen (Serienfertigung) Kraftschwankungen von rund 10 % festgestellt werden konnten, können Federungsschwankungen und damit Schwankungen von Boden und Flanschdicken von mehreren Zehntel mm erwartet werden. Eigene Ergebnisse aus Maßaufnahmen (Bild 3) bestätigen dies.

Mit den Ausführungen in Kapitel 3 ist dargelegt, daß ein direkter Zusammenhang zwischen axialen Werkzeug- und Maschinenfederungen und den Werkstückmaßen bzw. deren Schwankungen in Arbeitsrichtung besteht.

Die weitere Diskussion von Werkzeugfederungen kann sich deshalb auf radiale Federungen beschränken.

Wie in 3.1.2 ausgeführt (Bilder 25 und 26) kann beim Napfaußendurchmesser (einem werkzeuggebundenen Maß) nur ein Anteil der beobachteten Maßschwankungen durch Fließspannungsschwankungen erklärt werden, d. h. bei dieser Maßart sind die bereits erwähnten sonstigen Einflüsse noch von Bedeutung. Deshalb sind für werkzeuggebundene Maße die nachfolgend beschriebenen Untersuchungen notwendig. Um zu eindeutigen Feststellungen zu gelangen, sind dabei Federungen des Werkzeuges und des Werkstückes zu betrachten.

4. Einfluß der radialen Werkzeugfederung und der Rückfederung des Werkstückes auf die Arbeitsgenauigkeit

Wie die Ergebnisse aus Kapitel 1 zeigen (Bilder 4 bis 6, 9 und 10), kommt auch den Schwankungen werkzeuggebundener Maße erhebliche Bedeutung zu. Hier sind es insbesondere Zylinderdurchmesser, die wegen der Häufigkeit ihres Auftretens an kaltumgeformten Werkstükken Interesse verdienen. Es kann zwar gezeigt werden, daß die auftretenden Schwankungen dieser Maße fast um eine Größenordnung geringer als die Schwankungen maschinengebundener Maße sind, es ist aber wegen der herausragenden Bedeutung des Kreiszylinders als Formelement in der Technik bei gleichzeitiger Forderung nach Austauschbarkeit technischer Werkstücke die Forderung nach sehr engen Toleranzen die Regel. Kaltumgeformte zylindrische Werkstücke weisen am Außendurchmesser gleichzeitig Maß- und Formfehler auf, wobei beide Fehler gleiche Größe haben können.

Da in Kapitel 3.1.2 mit der radialen Werkzeugfederung nur ein Anteil der gesamten Maßschwankung bei einem Hohlteil ermittelt werden konnte, muß als weitere Einflußgröße die Werkstückrückfederung nach Entlastung und Ausstoßen aus dem Werkzeug betrachtet werden.

4.1 Größe der radialen Federung und deren Schwankungen

Die Ermittlung der radialen Federung von Preßmatrizen kann mittels der Federzahl des Werkzeugmantels erfolgen. Nimmt man als Ersatzkörper einer vorgespannten Preßbüchse ein unendlich langes dickwandiges Rohr an, so läßt sich mit genügender Genauigkeit eine Abschätzung der Größenordnung der radialen Federung und ihrer Schwankung angeben.

Unter dieser Annahme wird

$$C_r = \frac{\sigma_r}{\Delta r_i} = \frac{E \cdot (r_a^2 - r_i^2)}{(1+\nu)\, r_i\, (1-2\nu)\,(r_i^2 + r_a^2)} \tag{18}$$

$$\text{mit} \quad \sigma_r = \frac{F_U}{d_i^2\, \frac{\pi}{4}} \tag{19}$$

für das Napf-Rückwärtsfließpressen.

Gleichung (19) wird angesetzt, weil in [27] gezeigt wird, daß der Werkstückstoff beim Umformen durch Napf-Rückwärtsfließpressen auf die Werkzeugzylinderwand einen Normaldruck σ_r ausübt, der über einen weiten Bereich bezogener Querschnittsänderungen ($\varepsilon_A = 0,15$ bis $\varepsilon_A = 0,85$) $\varepsilon_A = \dfrac{A_0 - A_1}{A_0}$ näherungsweise gleich dem Bodendruck

$$\sigma_B = \frac{F_U}{d_{Wz\,i}^2\, \frac{\pi}{4}} \approx \sigma_r \tag{20}$$

ist.

Werkstattausführungen hochbelasteter Stahlpreßmatrizen haben bei Innenbelastung bis ca. 2000 N/mm^2 Abmessungsverhältnisse $\dfrac{r_a}{r_i}$ von 5 bis 7. Für solche Verhältnisse strebt $\dfrac{r_i^2 + r_a^2}{r_a^2 - r_i^2}$ in (18) gegen Eins.

Somit ergibt sich für die Federkonstante

$$C_r \approx \frac{E}{(1+\nu)\, r_i\, (1-2\nu)} \tag{21}$$

$$C_r \approx \frac{1}{\{r_i\}} \cdot 4,04 \cdot 10^5\ \frac{N}{mm^2 \cdot mm} \tag{22}$$

Bei Ansatz der Ergebnisse in [35] mit Umformkraftstreuungen von 10 % erhält man Federungsschwankungen je 1000 N/mm^2 Werk-

zeugbelastung in der Größenordnung von 0, 25 %o des Werkstückaußendurchmessers. Dies wären z. B. bei einem Werkstück mit 50 mm
Durchmesser 0, 0125 mm.

4. 2 Auswirkungen auf werkzeuggebundene Maße

Ebenso wie bei den axialen Federungen von Werkzeug und Umformmaschine führt auch die radiale Werkzeugfederung zu Veränderungen der
Werkzeugöffnung. Da sich bei Fertigungsbeginn und nach Fertigungsunterbrechungen die Werkzeugöffnung auch temperaturbedingt verän-
dern kann, ist zu erwarten, daß die auftretenden Maßschwankungen
nicht allein durch die radialen Federungen erklärt werden können.
Ein gewisser Anteil muß jedoch sichtbar werden. Die errechnete Größenordnung von Hundertstel mm trifft bei Vergleich mit Bild 4 knapp
zu, muß aber zusammen mit der Feststellung gesehen werden, daß
die radialen Federungsschwankungen nur einen Anteil der Maßschwankungen werkzeuggebundener Maße ausmachen. Das in 3. 1. 2 beschriebene Versuchsbeispiel läßt sich auch hier anführen.

Aus den Werkzeugabmessungen r_i = 25 mm und r_a = 102 mm errechnet
sich die maßschwankungsbestimmende Matrizenfederung aus Gl (18) zu

$$\frac{1}{C_r} = 0,069 \text{ mm je } 1000 \text{ N/mm}^2 \text{ Radialbelastung}$$

Nach Gleichung (19) und (20) wird für F_U = 900 kN $\sigma_B = \sigma_r$ = 465 N/mm^2.
Mit Ansatz von wiederum 10 % Umformkraftschwankung kommt man
zu $0, 64 \times 10^{-2}$ mm Durchmesserfederungsschwankung. Tatsächlich
wurden jedoch innerhalb einer Serie Maßschwankungen von 3×10^{-2} mm
beobachtet.

Bei der Untersuchung der Auswirkungen der radialen Federungen auf
die werkzeuggebundenen Maße ist zu beachten, daß Fließpreßwerkstük-
ke regelmäßig über mehrere Umformstufen hergestellt werden. Jede

Umformstufe ergibt geometrische Ungenauigkeiten, womit die Vorform an den weiter umzuformenden Werkstückstellen maßlich unterschiedlich ist, oder was das gleiche bedeutet, für die Teilmassen ergeben sich den Abmessungsunterschieden entsprechende Masseschwankungen. Es konnte bereits gezeigt werden, daß werkzeuggebundene Maße davon nicht berührt werden.

Da bei werkzeuggebundenen Maßen der Zylindrizitätsfehler mindestens gleiche Größe wie der Maßfehler aufweisen kann, ist es wegen des Zusammenhangs von Maßänderungen und Werkzeugfederungen naheliegend, einen Grund für Zylindrizitätsfehler in Werkzeugdurchmesserveränderungen <u>während</u> der Umformung zu suchen.

Die Werkzeugfederung während des Hinhubes kann dadurch veränderlich sein, daß die Druckraumhöhe (Höhe des unter radialen Druckberührspannungen stehenden Werkzeuginnenraumes h, Bild 34) während der Umformung bei verschiedenen Verfahren veränderlich ist. Beim Vorwärtsfließpressen und auch beim Napf-Rückwärtsfließpressen ist die Druckraumhöhe während der Umformung nicht konstant, jedoch beim Stabziehen und beim Abstreckgleitziehen. Für die Matrizendurchmesserfederungen ist stets die radial wirkende Gesamtkraft, das Produkt aus spezifischer radialer Druckbelastung und beaufschlagter Fläche verantwortlich zu machen. Damit kommt dem Verlauf der Umformkraft über den Umformweg und dem über der Druckraumhöhe veränderlichen Radialdruck Bedeutung zu.

In [29] wurde beobachtet, daß bei Umformbeginn beim Hohl-Vorwärtsfließpressen eine höhere Kraft erforderlich ist als beim weiteren Verlauf des Vorganges. Dies wurde auch für das Abstreckgleitziehen beobachtet [5]. Die radial auf die Matrize wirkende Gesamtkraft kann somit durch zwei veränderliche Größen - bezogene Stempelkraft und Druckraumhöhe - beeinflußt werden.

- 50 -

Nach diesen Überlegungen müßte der beobachtete Zylindrizitätsfehler
(Bilder 9 und 10) für Verfahren mit konstanter Druckraumhöhe aus
den zeitlichen Änderungen der Umformkraft allein erklärt werden.
Bei dieser Verfahrensgruppe ist damit zur Überprüfung dieser Überlegung   eine Untersuchung der Werkzeugfederungen ebenfalls sinn-
voll. Somit ist die Kontrolle auftretender Matrizenfederungen sowohl
beim Vorwärtsfließpressen als auch beim Abstreckgleitziehen notwendig.

Dabei liegt es vor allem für hohle Werkstücke nahe, deren Rückfederung
nach Kraftentlastung und Ausstoßen aus der Matrize zu betrachten,
weil hohle Werkstücke im Vergleich zu Vollkörpern geringere Steifigkeit in radialer Richtung besitzen.

Deshalb wird für die Untersuchung der radialen Federung eines Werkzeuges bei einem Umformverfahren mit konstanter Druckraumhöhe
das Abstreckgleitziehen gewählt.

4. 2. 1 <u>Radiale Federung eines Werkzeuges bei einem Umformverfahren mit konstanter Druckraumhöhe</u>

Zum Messen von Dehnungen und Verformungen haben sich elektronische Meßfühler durchgesetzt. Durch Umsetzen der mechanischen in
elektrische Größen und deren Verstärkung sind sehr genaue Messungen möglich. Elektronische Meßglieder bieten sich bei den hier vor-
zunehmenden Untersuchungen ebenfalls an. Als Hauptproblem zeigt
sich, daß das Federungsverhalten der maßerzeugenden Werkzeugöffnung zu untersuchen ist, ein Meßfühler dort jedoch nicht angebracht
werden kann, weil das umzuformende Werkstück hohe mechanische
und thermische Beanspruchungen an diesen Stellen erzeugt. Einer-
seits muß man mit den Meßfühlern so nahe als möglich an diese hoch
beanspruchten Stellen herangehen, um die auftretenden Federungen

möglichst genau zu erfassen, andererseits muß der Abstand noch groß
genug sein, um Zerstörung oder unkontrollierbare ergebnisverändern-
de Beeinflussung zu verhindern. Bei der folgenden Beschreibung der
Versuchsbedingungen wird im Interesse einer leicht verfolgbaren Darstellung auf alle nicht zum unmittelbaren Überblick gehörende Einzelheiten verzichtet. Diese finden sich im Anhang A1.

4. 2. 1. 1 Versuchsbedingungen und eigene Versuche

In Bild 35 wird Ausgangs- und Endform des Werkstückes aus Stahl Ma 8
gezeigt, für das die Untersuchungen beim Abstreckgleitziehen durchgeführt wurden. Das Ausgangsteil wurde über mehrere Stufen umformtechnisch erzeugt, bei 973 Kelvin (700°C) zwei Stunden geglüht und
mit handelsüblichen Mitteln phosphatiert und beseift.

Bild 36 zeigt den Werkzeugaufbau für die Untersuchung. In den 4 taschenförmigen Ausnehmungen bei A unterhalb des engsten Werkzeugdurchmessers sind temperaturkompensierte, zu Halbbrücken zusam-
mengeschaltete Dehnungsmeßstreifen eingeklebt und werden als Meßglied einzeln auf je einen Kanal einer 6-Kanal-Trägerfrequenz-Meß-
brücke geführt. Deren Ausgang wird an einen UV-Schreiber angelegt,
so daß die Veränderungen jeder einzelnen Meßstelle beobachtet werden können. Linearität und Hysteresefreiheit sind dabei nicht so gut,
wie wenn alle Meßfühler zu einer einzigen Brücke geschaltet sind. Es
mindert sich jedoch das Risiko, daß wegen des Ausfalls einer Meßstelle aufgrund der mechanisch-thermischen Belastung durch das vorbeibewegte Werkstück Fehlmessungen auftreten.

In der Nähe der Umformzone (siehe Anhang A2) sind in Matrize und
Ziehstempel Bohrungen zur Aufnahme von Chromel-Alumel Miniatur-
thermoelementen eingebracht, um den thermischen Zustand und dadurch bedingte Maßänderungen im Umformwerkzeug während der Versuche kontrollieren zu können.

Zur Eichung der Federung des Ziehringes (siehe auch Anhang A1)
wurde der gehärtete Ring über seine ganze Höhe mit einem Innenke-
gel 1:500 versehen und mittels eines angepaßten gehärteten Kegels
im nicht armierten Zustand aufgeweitet, so daß aus der Kegelein-
dringtiefe auf die Aufweitung geschlossen werden konnte.

Bei der Nachprüfung der Temperaturkompensation der Meßstellen im
Bereich bis 373 Kelvin (100°C) (Bild 37) wurde durch Vergleich von
3 kompensierten mit einer nicht kompensierten Meßstelle die Unter-
drückung des Temperatureinflusses kontrolliert.

Das Werkzeug wurde anschließend in die in Bild 36 dargestellte endgültige Form gebracht, sodann wurde durch einen weiteren Kontroll-
versuch die elektrische Brückenverstimmung der einzelnen, wie beschrieben geschalteten Meßglieder bestimmt, die aus der rein axialen
Belastung des Umformwerkzeuges resultiert. Dies ist notwendig, weil
die Meßglieder, neben den radialen Dehnungen aus den Werkzeugwand-
beanspruchungen durch den Umformvorgang, wegen der unmittelbaren
Nachbarschaft zur Umformzone auch im Kraftfluß der axialen Umformkraft liegen. Für Kraftanstieg und Kraftabstieg ergaben sich dabei vernachlässigbar unterschiedliche Anzeigen, die zu einer Eichkurve gemittelt werden können.

Schließlich war noch die Größe der mechanischen Innendurchmesser-
veränderung des Ziehringes unter der Wirkung der axialen Umformkraft zu bestimmen ohne ein Werkstück umzuformen, jedoch unter Beobachtung der auftretenden elektrischen Brückenverstimmung. Wegen
der durch die Armierung gegebenen Behinderung der Querkontraktion
wurde ein Meßversuch der rechnerischen Behandlung vorgezogen. Mit
Hilfe einer Vorrichtung (Bild 38) kann über 4 berührungslose induktive
Wegaufnehmer, von denen je 2 gegenüberliegende zu den Ästen einer
induktiven Halbbrücke geschaltet sind, nach entsprechender Eichung
die Durchmesserveränderung des Ziehringes Z unter der vom Stem-

pel St auf die Stirnfläche des Ziehringes aufgebrachten Belastung ermittelt werden. Einzelheiten sind in Anhang A5 zu finden. Es zeigte sich, daß auch bei extrem exzentrischer Anordnung der induktiven Meßfühler in der Bohrung, die Eichlinie nur unwesentlich von der bei zentrischer Meßfühleranordnung erhaltenen abwich. Die Ermittlung der Werkzeugdurchmesserveränderung unter der axialen Umformkraft erbrachte eine Durchmesserveränderung von weniger als 1 μm gegenüber dem unbelasteten Werkzeug. Diese unbedeutende Dehnung kann im Rahmen der Untersuchungen vernachlässigt werden.

Die bei Versuchsvorbereitung und Eichung der Thermoelemente zu beachtenden Einzelheiten enthält Anhang A2. Das Ergebnis des Eichversuches und den Geräteaufbau für die Temperaturmessungen zeigen die Bilder 39 und 40.

Zur Erfassung der Umformkräfte wurde unter das Werkzeug (Bild 36) eine Kraftmeßdose mit 8 aktiven und 8 passiven Dehnungsmeßstreifen, die zu einer Vollbrücke geschaltet sind, eingebaut. Der gesamte Aufbau wird über eine Deckplatte mittels 4 Schrauben gehalten, so daß beim Pressenrückhub der Aufbau gesichert bleibt. Die geringe Vorspannung der Halteschrauben führt zu einer vernachlässigbaren Verfälschung der Kraftmessung.

Die für den Vergleich der radialen Werkzeugfederungen mit dem Werkstückdurchmesserverlauf notwendige Messung des Stempelweges wurde mit einem induktiven Weggeber durchgeführt. Einzelheiten siehe Anhang A1. Die Beschreibung des für die Werkstückmessung verwendeten Aufbaues (Bild 41) enthält Anhang A4. Der Werkstückdurchmesserverlauf wurde mit einem Meßmikroskop bzw. mit dem Mikrometer gemessen. Zur Aufklärung der Verhältnisse, wie sich die während der Umformung einstellenden Werkzeugfederungen auf den erzeugten Werkstückdurchmesser mitteilen, war folgender Versuchsumfang notwendig:

Vergleich des Werkstückdurchmessers nach Umformung bei Raumtemperatur mit den während der Umformung sich einstellenden tatsächlichen Matrizendurchmessern.

Vergleich des sich einstellenden Werkstückdurchmessers nach den Verfahrensteilabschnitten (Hinzug - Rückzug - Abstreifen des Stempels - Abkühlen auf Raumtemperatur).

Vergleich des sich einstellenden Werkstückdurchmessers bei Benutzung unterschiedlicher Unterstützungsringinnendurchmesser. (Nachprüfen, ob ebene Matrizenfederung vorliegt)

Für die Versuche beim Abstreckgleitziehen stand eine 1000 kN hydraulische Presse, Bauart Eitel, mit einer Arbeitsgeschwindigkeit von 0,3 m/s   zur Verfügung.

4.2.1.2 <u>Diskussion der Ergebnisse</u>

In Vorversuchen wurde die Meßgenauigkeit der Anordnungen für die Werkzeugfederungsmessung ermittelt. Es ergab sich, daß der Gesamtfehler eines beliebigen der 4 Meßfühler (Summe aller im Versuch wirksam gewordenen systematischen und zufälligen Fehler, wie Dehnwerterfassung, Gerätekette, graphische Auswertung) zu 0,014 mm (Standardabweichung) für einen <u>Einzelmeßwert</u> angenommen werden kann. Ein im Verlauf der späteren Versuche sich als besonders zuverlässig erweisender Meßfühler hat bei einer Durchschnittsabweichung vom jeweiligen Mittelwert der 4 vorhandenen Meßfühleranzeigen von nur 0,003 mm eine Standardabweichung für Einzelmeßwerte von 0,005 mm ergeben. Die Meßgenauigkeit der Anordnung kann damit unter Berücksichtigung der eingangs beschriebenen Problematik der Messung als ausreichend für den Versuchszweck angesehen werden.

Die Bilder 42 bis 45 zeigen Ergebnisse der Versuche. In Bild 42 sind die Dehnungsanzeigen für den während eines Versuchs gemessenen Matrizendurchmesser der bei diesem Versuch erreichten Werkstückkontur bei Raumtemperatur gegenübergestellt. Zusätzlich ist die Kontur des noch nicht abgestreiften Werkstückes nach dem Abkühlen auf dem Stempel angegeben. Bild 43 zeigt die bei einer Versuchsreihe mit 33 Werkstücken gefundene durchschnittliche Werkstückkontur, dem ebenfalls gefundenen durchschnittlichen Matrizeninnendurchmesser während der Umformungen gegenübergestellt. Eingezeichnet ist ferner der Durchmesserverlauf des fertigen betriebswarmen Werkstückes auf dem Stempel (Durchschnitt der ersten drei hergestellten Werkstücke). Dazu wird in Bild 44 gezeigt, wie die Durchmesser 5 nacheinander gefertigter Werkstücke bei Raumtemperatur streuen.

Die Kontrollmessungen der Werkzeugtemperaturen ergaben bei einer Betriebsraumtemperatur von 305 K (32°C) (Maschinenstandort in der Werkstätte) im Ziehring maximal 315 K (42°C) nach dem ersten Werkstück und bis zu 328 K (55°C) im Versuchsverlauf. Im Ziehstempel betrug sie stetig ansteigend bei Versuchsende 340 K (67°C). Bei dem gegebenen Werkzeugdurchmesser bedeutet dies Durchmesserveränderungen von max. 0,01 mm während des Versuchszeitraumes. Diese niedrigen Temperaturerhöhungen in den Werkzeugen resultieren aus der durch die Versuchsarbeiten bedingten niedrigen Stückfolgezeit. Bei realer Produktionsstückfolgezeit werden in diesem Werkzeug Temperaturerhöhungen um ca. 100 K beobachtet.

Die Werkzeugfederung bei Umformung eines sogenannten "Steckers" - eines Werkstückes, das nur soweit durch das Werkzeug gezogen wurde, wie die induktive Wegmessung erlaubte - zeigt Bild 45 für eine temperaturkompensierte Meßstelle. Es ist zu erwähnen, daß nach Herausnahme des Werkstückes aus dem Ziehring die anschließend geschriebene Dehnungsanzeige in Abhängigkeit von der Abkühlzeit einen e-funktionsartigen Verlauf zeigt. Dieses Verhalten wird auch in [21] beobachtet. In Kapitel 5 wird auf diese Beobachtung noch eingegangen.

Zur Klärung der Frage, wie der im Hinzug erzeugte Werkstückdurchmesser durch den Rückhub verändert wird ("Nachkalibrieren"), dient Tabelle 3. Sie enthält Meßergebnisse des Werkstückdurchmessers, die beim Abstreckgleitziehen mit betriebswarmem Werkzeug ermittelt wurden. Zusätzlich ist eingetragen, welche Durchmesserveränderungen nach dem Abstreifen des Werkstückes vom Stempel in betriebswarmem Zustand und bei Raumtemperatur 293 K (20°C) beobachtet wurden. Die Durchmessermeßstellen liegen jeweils 25 mm auseinander, mit Meßstelle 1 am geschlossenen Boden des Werkstückes beginnend. Bild 46 zeigt den Zuwachs an Werkzeugauffederungsanzeige, wenn der Innendurchmesser des Werkzeugunterstützungsringes von 50 mm auf 70 mm vergrößert wird. Werkstückdurchmesser nach Hinzug und Rückzug sind angegeben. Die Meßergebnisse sind Mittelwerte aus je 7 Messungen bei betriebswarmem Werkzeug.

Die Auswertung der Versuche bringt folgende Ergebnisse: Der Durchmesserverlauf über die Zylinderlängskoordinate eines durch Abstreckgleitziehen hergestellten Körpers wird, wie Bild 43 und Tabelle 3 zeigen, beim Hinzug und Rückzug im stationären Verfahrensabschnitt zu jedem Zeitpunkt durch den unter den radialen Umformkräften sich einstellenden Matrizendurchmesser festgelegt. Deshalb erzeugt ein Werkzeug mit, wie im Beispiel, konstanter Druckraumhöhe während des Umformvorganges im stationären Bereich primär einen genauen Zylinder. (Im noch zu besprechenden instationären Anfahrgebiet scheinen andere Gesetzmäßigkeiten zu gelten.)

Setzt man voraus, daß die direkt unter dem Ziehring angeordnete Werkzeugplatte diesen so stützt, daß er so federt, daß alle Ziehringquerschnitte eben federn, so dürfen radiale Beanspruchungen und Federungen des Ziehrings nach Beziehung (18) für das dickwandige Rohr gerechnet werden.

Aus dieser Beziehung läßt sich mit den Daten des Versuches (Bild 43)
errechnen, daß bei einer gemessenen Innendurchmesserfederung der
Matrize von 0, 03 mm bei den gegebenen Werkzeugabmessungen eine
Innenwandvergleichsspannung σ_{r_v}' = 210 N/mm^2 wirksam war. Bei
Ansatz der tatsächlichen Beanspruchungslänge der Matrize (Einlauf-
schulter + zylindrische Kalibrierlänge) ergibt sich für das Werkzeug
eine rechnerische Beanspruchung über die Beanspruchungslänge von
583 N/mm^2 bzw. 399 N/mm^2 je nachdem, ob die Kalibrierlänge mit-
gerechnet wird oder nicht. Die gemessene Umformkraft betrug 120 kN
und die Kraftzerlegung gemäß Bild 47 führt je nach Annahme des Reibwertes μ zu einer rechnerischen Beanspruchung der Schulter wie in
Bild 47 angegeben. Der Unterschied σ_{r_v}' =(217 ... 308)N/mm^2 gegenüber 583 N/mm^2 bei gleichzeitig recht guter Übereinstimmung von
σ_{r_v} mit σ_{r_v}' bei μ von 0, 07 bis 0, 1 läßt bei ebener Federung den Schluß
zu, daß mit der Federungsmessung wegen der Nähe der Meßstelle am
belasteten Düsenbereich ein Beanspruchungszustand gemäß σ_{r_v} ermittelt wird. Damit wird die Zulässigkeit des Ansatzes der Beziehung
(18) bestätigt und die Richtigkeit der Größe der ermittelten Matrizenfederung (Bild 43) gestützt.

Zur weiteren Festigung der Versuchsergebnisse wird ein Vergleich
mit Rechenwerten für die Werkzeugbeanspruchung nach der elementaren Theorie für den Umformvorgang angeschlossen.

Aus den in Bild 48 dargestellten Verhältnissen des Kraftangriffes an
einem Werkstückelement während der Umformung läßt sich unter Zuhilfenahme der Fließbedingung von Tresca

$$\sigma_x - \sigma_r = k_f \tag{23}$$

und Ansatz der Gleichgewichtsbedingungen in horizontaler und vertika-
ler Richtung die Differentialgleichung

$$\frac{d\sigma_x}{dx} \cdot (r^2 - r_{st}^2) = 2\sigma_x \left(-r \cdot \tan\alpha + \mu\, r_{st} - r \cdot \tan(\alpha+\varrho)\right)$$
$$- 2k_f \left(\mu\, r_{st} - r \cdot \tan(\alpha+\varrho)\right) \tag{24}.$$

wie im Anhang A6 angegeben, ableiten.

Die numerische Auswertung für die Versuchsbedingungen liefert für den Fall der Reibungsfreiheit ($\mu = 0$) sowie bei Berücksichtigung eines Reibwertes von $\mu = 0,07$ einen Beanspruchungsverlauf gemäß Bild 49. Dabei ist die Werkstoffverfestigung gemäß der in einem Stauchversuch zwischen ebenen, geschliffenen, mit Teflonfolien belegten Stauchbahnen gefundenen Fließkurve, Bild 50, berücksichtigt.

Man erkennt, daß die aus den Matrizenfederungen gerechneten, unter Zuhilfenahme der Umformkraft bestätigten Werte σ_r und σ_r' durch die gerechnete Werkzeuginnenspannungsverteilung nach einem einfachen plastizitäts-theoretischen Modell ebenfalls bestätigt werden (vergleiche Zahlenwerte bei Bild 47 und Bild 49).

4.2.2 Einfluß der Werkstückrückfederung

Die Ergebnisse des vorherigen Abschnittes haben unter anderem gezeigt, daß das aus dem Werkzeug ausgestoßene und vom Stempel abgestreifte fertige Werkstück einen Außendurchmesser aufweist, der weder dem Matrizendurchmesser unter Last, noch dem unbelasteten Matrizendurchmesser entspricht (Bilder 42, 43 und 51). Dies rührt von Umformeigenspannungen her, die zu Werkstückrückfederungen führen. Für das durch Abstreckgleitziehen hergestellte Werkstück ergibt sich dadurch ein Formfehler (Zylindrizitätsfehler).

Umformeigenspannungen können örtlich die Größe der Streckgrenze des Werkstoffes erreichen. Größe und Verteilung sind nach [4] abhängig von Werkstoff, Querschnittsverringerung und Werkzeuggeometrie, nach [26] hat auch die Reibung in der Wirkfuge Einfluß.

Das Werkstück erhält beim Abstreckgleitziehen nach mehreren Verfahrensteilschritten, z.B. Hinzug, Rückzug, Abstreifen, Ausstoßen seine endgültige Form. Hierbei wird der Eigenspannungszustand nach [25] durch jeden Verfahrensschritt wesentlich verändert.

Deshalb kann nach [22] die Spannungsverteilung bei Vorliegen von Umformeigenspannungen nicht quantitativ vorherbestimmt werden; sie ist durch experimentelle Ermittlung unter Zuhilfenahme vereinfachender elastizitäts-theoretischer Beziehungen zu ermitteln. In [23] wird darauf hingewiesen, daß es trotz aller Vorsichtsmaßnahmen nicht gelingt, z. B. in gezogenen Stahlrohren unterschiedlicher Länge, vollkommen rotationssymmetrische und längssymmetrische Eigenspannungsverteilungen zu erzeugen. Fließpreßwerkstücke lassen deshalb ebenfalls einen in allen drei Koordinaten unsymmetrischen Eigenspannungszustand erwarten. Die Vorherbestimmung wird dadurch weiter erschwert.

Da schon die Vorherbestimmung des Eigenspannungszustandes, selbst für eine gegebene Umformung, wegen der Vielzahl nicht wägbarer Einflußgrößen, wenn überhaupt, dann nur unter größten Schwierigkeiten, möglich ist, muß es vollends aussichtslos erscheinen, die Schwankungen des Eigenspannungszustandes von Werkstück zu Werkstück zu berechnen. Diese Berechnung wäre aber Voraussetzung für die Bestimmung der Größe der geometrischen Unterschiede (Fehler) von Werkstück zu Werkstück.

Die Lösung dieses Problems würde über den Rahmen der vorliegenden Arbeit hinausführen. Die Darstellung durch Eigenspannung bewerkstelligter Ungenauigkeitsanteile an einem Beispiel soll deshalb genügen (Bild 51):

Wie im vorhergehenden Abschnitt ausgeführt, wird beim Hinzug der Werkstückdurchmesser von der Werkzeugöffnung unter Last bestimmt. Es entsteht primär ein formfehlerfreier Zylinder.

Der Einfluß des Rückzuges ist aus den Zahlenangaben der Tabelle 3 ersichtlich. Von Meßstelle 1 am Boden des Werkstückes abgesehen, beträgt die Durchmesserabnahme durch Nachkalibrieren beim Rückzug etwa 0, 005 mm.

Durch das Abstreifen vom Stempel kann das Werkstück unter der Wirkung der Eigenspannungen nachfedern, wodurch sich in Bodennähe der Durchmesser um 0, 055 mm und am offenen Ende um 0, 035 mm ändert.

Durch die Abkühlung auf Raumtemperatur ist eine Maßänderung um 0, 025 mm zu beobachten (Schwinden).

Der erreichte Durchmesser wird durch einen erneuten Eingriff in den Eigenspannungszustand durch Glühen bei 973 K (700°C) schließlich nochmal um 0, 01 mm verringert. Dadurch ergibt sich, daß durch Werkstückrückfederung und den sich einstellenden Eigenspannungszustand in diesem Hohlkörper Maßfehler und Formfehler erheblich beeinflußt werden.

4. 2. 3 Radiale Federung eines Werkzeuges bei einem Umformverfahren mit veränderlicher Druckraumhöhe

Die Ausführungen in 4. 2. 1 haben deutlich gemacht, daß bei der meßtechnischen Erfassung der radialen Federung der Matrize bedeutende Probleme durch die Annäherung des Meßfühlers an Stellen höchster mechanischer und thermischer Beanspruchung entstehen. Für die Untersuchung der Federung eines Werkzeuges bei einem Verfahren mit veränderlicher Druckraumhöhe wurde, um diesen Problemen auszuweichen und gleichzeitig ein zweites Meßprinzip zu erproben, eine andere Meßanordnung benutzt: Mittels induktiver Wegaufnehmer wurden die Federungen an einer Stelle gemessen, die nicht im Kraftfluß der Umformkraft liegt.

Als Verfahren mit veränderlicher Druckraumhöhe wurde das Voll-Vorwärts fließpressen ausgewählt. Die Begründung für die Verfahrenswahl wurde bereits in 4. 2 gegeben. Hier soll hinzugefügt werden, daß zur Verfahrensauswahl noch beigetragen hat, daß das Voll-Vorwärtsfließpressen, ebenso wie das Abstreckgleitziehen, gestattet, Zylinder erheblicher Länge herzustellen, und deshalb mit zu den wichtigsten Umformverfahren gehört.

Bei der folgenden Beschreibung der Versuchsbedingungen wurde auf die zum Überblick nicht notwendigen Einzelheiten verzichtet. Sie finden sich im Anhang A3.

4.2.3.1 Versuchsbedingungen und eigene Versuche

Zur Untersuchung der radialen Federung der Matrize beim Vorwärtsfließpressen, bei dem die Druckraumhöhe mit zunehmendem Arbeitsweg stetig abnimmt (Bild 34), wurde ein Werkzeug nach Bild 52 verwendet. Zur Kontrolle seines thermischen Zustandes sind Mikromantel-Thermoelemente in Stempel und Matrize eingelassen, deren Meßsignale, wie beschrieben, verarbeitet und aufgezeichnet werden (Anhang A2). Unter das Werkzeug war, wie schon beschrieben, eine Kraftmeßdose eingebaut.

Schwierigkeiten, die aus der Annäherung der DMS-Fühler an die Umformzone folgen und die Gefährdung der Dehnmeßstreifen durch den Ausstoßer, führten zur Wahl der "Meßklammer" (Bild 53). Die Meßklammer liegt während der Umformung an einem eigens dafür vorgesehenen Kragen der Matrize. Dieses Meßgerät hat einen Gelenkpunkt, in dem die beiden Klammerhälften zusammengebaut sind und eine Haltefeder welche beide Hälften zusammenhält. Drei unter je 120° gegeneinander versetzte Auflagepunkte werden durch die Haltefeder elastisch gegen den Kragen der Matrize gelegt und folgen den radialen Federungsbewegungen der Matrize.

Gegenüber dem Gelenkpunkt ist ein aktiver berührungsloser induktiver Wegaufnehmer auf der einen Meßklammerhälfte, einem Amboß
auf der zweiten Hälfte gegenübergestellt. Dieser Wegaufnehmer wird
mit einem Aufnehmer gleicher Bauart, der einem Amboß unverrückbar gegenübersteht, zu einer induktiven Halbbrücke geschaltet und,
wie im Anhang A3 beschrieben, auf entsprechende elektronische Ge-
räte geführt und geeicht.

Mit diesem Aufbau wurden phosphatierte und beseifte Rohteile aus
Stahl Ma 8 mit Durchmesser 91 mm, Länge 38 mm durch Voll-Vorwärtsfließpressen umgeformt. Der Umformgrad $\varphi = 0,385$ entsprach
einer bezogenen Querschnittsänderung ε_A von 0,32.

Den Vorteilen dieser Meßanordnung, wie einfache Eichmöglichkeit,
direkte Aufzeichenbarkeit der radialen Federungen, nicht im axialen
Kraftfluß liegend, somit auch keine entsprechenden Korrekturen wie
in 4.2.1.1 erforderlich, steht als wesentlicher Nachteil gegenüber,
daß das Meßglied einen größeren axialen Abstand von der den Werkstückdurchmesser bestimmenden engsten Werkzeugstelle unterhalb
der Matrizenschulter hat.

Die Umformversuche zeigten auch, daß der Meßfühler gegen Tempe-
raturveränderungen keine Nullpunktkonstanz aufweist, weswegen unmittelbar vor jedem Umformversuch Nullabgleich erfolgen muß. Die
Meßanordnung erwies sich damit als ungeeignet für Dauerlaufversu-
che, weil sich die Meßklammer dabei erwärmt.

Wegen des Abstandes des Meßfühlers von der Umformzone waren Abweichungen in der Anzeige von den werkstückmaßbestimmenden Matrizenfederungen zu erwarten. In einem hydraulischen Druckversuch
war deshalb die Abhängigkeit der Federungsanzeige von der Druckraumhöhe zu ermitteln. Bild 54 zeigt die Abhängigkeit der Federungsanzeige am Meßort von der Druckraumhöhe bei konstantem Druck.

Nun besteht zwar die Möglichkeit, durch Ermitteln der Kurvenschar

F_U = const gemäß Bild 54 von im Umformversuch gefundenen Kraft-Weg-Diagrammen für die Meßortfederungen, abhängig vom Umformweg (Bild 55), auf das wahre Federungs-Umformweg-Diagramm zu schließen; man hat dann jedoch noch nicht berücksichtigt, daß an der werkstückmaßerzeugenden engsten Matrizenstelle wegen der Entfernung vom Meßort andere Verhältnisse gelten.

Für die praktische Auswertung wurde deshalb aus den Schrieben (Bild 55) diejenige Ordinatenhöhe genommen, die beim Ausstoßen des fertigen Werkstückes dann geschrieben wurde, wenn sich die durchmessergrößte Stelle des Werkstückkopfes am Meßort vorbeibewegte. Die Überprüfung so gefundener Federungsanzeigen, aufgetragen über der jeweils vorhandenen Druckraumhöhe beim Versuch (Länge des noch nicht in die Düse eingelaufenen Werkstückteils im Aufnehmer) zeigt gute Übereinstimmung mit dem zugehörigen Werkstückkopfdurchmesser (Bild 56). Die Umrechnung von Meßortdurchmesser 120 mm auf den Innendurchmesser des Werkzeuges 91 mm wurde unter Zuhilfenahme der Beziehungen für das dickwandige Rohr vorgenommen. Es kann angenommen werden, daß das Werkzeug unmittelbar unter der Fließpreßschulter radial ebenso federt wie unmittelbar darüber. Da die Abhängigkeit des maximalen Durchmessers des Werkstückkopfes von der Druckraumhöhe mit der Abhängigkeit des Schaftdurchmessers von der Schaftlänge gleichartig verläuft, darf bei Berücksichtigung der eben genannten Annahme geschlossen werden, daß mit Hilfe der ausgemessenen Abhängigkeit des maximalen Durchmessers des Werkstückkopfes von der Druckraumhöhe auch die Abhängigkeit des Schaftdurchmessers von der Schaftlänge ermittelt werden kann.

Neben den beschriebenen Versuchen mit dem Rohteil-$\emptyset$ 91 mm wurden Proben mit Rohteil-$\emptyset$ 45 mm bis $\emptyset$ 70 mm bei φ = 0,246 bis 0,82 entsprechend ε_A zwischen 0,22 und 0,56 umgeformt. Rohteilgeometrie

l_o/d_o = 0, 8. Für die Umformversuche stand eine hydraulische Presse mit F_{max} = 10 MN, Bauart Eitel, mit einer Arbeitsgeschwindigkeit von ca. 0, 1 m/s zur Verfügung.

4. 2. 3. 2 Diskussion der Ergebnisse

Während der Versuche wurde durch Einlegen entsprechender Pausen zwischen den einzelnen Umformungen eine Werkzeugerwärmung praktisch ausgeschlossen. Bild 56 zeigt, daß die erzeugte Werkstückkontur bei einem Verfahren mit veränderlicher Druckraumhöhe, ebenso wie beim Verfahren mit konstanter Druckraumhöhe, von dem in jedem Augenblick vorhandenen Matrizeninnendurchmesser bestimmt wird. Nach [29] ist typischen Kraft-Weg-Verläufen beim Voll-Vorwärtsfließpressen zu entnehmen, daß die Umformkraft über den Vorgangsablauf hinweg nicht konstant ist. Aber auch bei konstanter Umformkraft nimmt die radiale Gesamtkraft auf das Werkzeug durch Abnahme der Druckraumhöhe ab, und es wird beim Voll-Vorwärtsfließpressen ein "Zylinder" erzeugt, dessen Außendurchmesser während des Arbeitshubes stetig abnimmt (Bild 57). Während des instationären Umformbeginns zeigen sich Verhältnisse, die noch gesondert zu diskutieren sind. Das in Bild 57 angeführte Ergebnis wird durch Versuche an den vorwärtsfließgepreßten Proben mit Ausgangsdurchmessern von 45 mm bis 91 mm, φ = 0, 246 bis φ = 0, 82 entsprechend ε_A von 0, 22 bis ε_A = 0, 56 bestätigt. Bild 58 zeigt eine Auswahl von Aufschrieben mit dem in Bild 41 gezeigten Aufbau.

Die Druckraumhöhe im Werkzeug ist somit eine wichtige Einflußgröße für den Zylindrizitätsfehler vorwärtsfließgepreßter Werkstücke.

Aus der gemessenen Umformkraft und den Werkzeugabmessungen kann unter Zuhilfenahme einer im folgenden dargestellten Modellvor-

stellung für die Belastungsabnahme an der Innenwand der Matrize der
Zylindrizitätsfehler des Werkstückes errechnet werden. Bild 59
zeigt schematisch diese Modellbelastung den wirklichen Belastungen
gegenübergestellt:

Während unter den realen Verhältnissen der aus der Umformkraft resultierende radiale Werkzeugdruck im Aufnehmerteil auf eine während
des Hubes abnehmende Druckraumhöhe wirkt, wird im Modell die
Druckraumhöhe als konstant gedacht. Die momentane radiale Werkzeugbelastung wird auf Ausgangsdruckraumhöhe umgerechnet. Die bekannten geometrischen Verhältnisse erlauben dann, das Werkzeug als
dickwandiges Rohr unter konstantem momentanen Innendruck zu betrachten.

Über die bezogene Querschnittsabnahme bei der Umformung erhält
man die aus der Rohteillänge sich ergebende Länge des hergestellten
Zylinders. Bezieht man die errechneten Matrizenfederungen auf die
Länge des hergestellten Zylinders, so läßt sich der gesuchte Wert
der Durchmesserveränderung des umgeformten Werkstückes je Längeneinheit finden. Für Umformvorgänge mit $F_U \neq$ konstant ist dabei
die je Längeneinheit auftretende gesamte Wanddruckabnahme zu berücksichtigen. In der schematischen Skizze (Bild 60) ist neben der bekannten Darstellung des axialen und radialen Spannungsverlaufes in
der Düse (Voll-Vorwärtsfließpressen, Scheibenmodell), die axiale
Spannung σ_x des sich noch im Aufnehmerteil befindlichen Werkstückkopfes für den Fall ohne Reibung und Schiebung eingetragen.

Zur radialen Belastung am Schultereinlauf kommt man für den rei-
bungs- und schiebungsfreien Fall durch Abzug von k_f von der axialen
Spannung σ_x im Aufnehmerteil. Die Größe dieses Abzuges ergibt
sich aus der Vorstellung, daß beim Verfahrensübergang Reduzieren/
Voll-Vorwärtsfließpressen die Radialspannung auf die Aufnehmerwand
zu 0 angenommen werden kann (k_{f_0} am Düseneinlauf). Andererseits
muß die Wandbeanspruchung im Aufnehmer für $\varphi \to \infty$ gegen σ_x

streben (hydrostatische Belastung). Bei den eigenen Versuchen war φ bei kleinen Werten beginnend bei 0, 82 begrenzt, deshalb ist maximal der Abzug von k_{f_0} angebracht.

Tabelle 4 gibt unter den Versuchsbedingungen gemessene und gerechnete Werte für den Zylindrizitätsfehler wieder. Bei Beurteilung der Unterschiede zwischen den gerechneten und den gemessenen Werten muß berücksichtigt werden, daß der Zylindrizitätsfehler einen Teil des Gesamtfehlers eines Werkstückes ausmacht. Der Gesamtfehler ist in der vorgesehenen Toleranz unterzubringen. Ein weiteres Beurteilungskriterium ist die aus Kapitel 1 bekannte Tatsache, daß die Fehlermerkmale kaltumgeformter Werkstücke innerhalb einer Serie streuen. Die Übereinstimmung von Rechnung und Versuch kann unter Beachtung dieser Besonderheiten für die praktische Zylindrizitätsfehlerprognose als brauchbar angesehen werden. Da mit graphischen Hilfsmitteln [2, 40] die Umformkraft ermittelt werden kann, läßt sich bereits bei Entwurf eines Werkstückes der zu erwartende Formfehler abschätzen.

Nach den bisherigen Ergebnissen in den Kapiteln 3 und 4 ist der bedeutende Einfluß der Werkzeugdehnungen auf Maße und Form kaltumgeformter Werkstücke erkannt und gesichert, daß die Kontur eines Werkstückes von radialen Federungen des Werkzeuges - somit vom unter Last bereitgestellten Düsenquerschnitt - in jedem Augenblick des Umformvorganges wesentlich bestimmt wird. Dies wird auch durch Bild 61 gestützt.

Es bringt eine Auswertung der Experimente aus Kapitel 3 beim Napf-Rückwärtsfließpressen. Über dem Produkt aus Umformkraft und Druckraumhöhe (Bodendicke) aufgetragene Werte für den Werkstückaußendurchmesser belegen eindeutig diese Abhängigkeit.

4.2.4 Besonderheiten des instationären Verfahrensabschnittes

Bild 57 läßt erkennen, daß der Durchmesserverlauf des erzeugten
Schaftes beim Voll-Vorwärtsfließpressen nicht über die gesamte Um-
formlänge gleichmäßig abnimmt. Es zeigt sich deutlich, daß die zu-
erst gebildeten Schaftdurchmesserzonen (Umformbeginn) nicht mit der
Vorstellung "erzeugter Werkstückdurchmesser entspricht dem unter
Last bereitgestellten Düsenquerschnitt" übereinstimmen. Der Ver-
gleich mit dem in Bild 57 eingezeichneten Düsendurchmesser ohne
Last ergibt besonders bei kurzen Schaftlängen, d.h. unmittelbar bei
Umformbeginn, daß der erzeugte Werkstückdurchmesser unter die-
sem Düsendurchmesser liegen kann, obwohl nach Bild 56 zu diesem
Zeitpunkt bereits eine bedeutende Werkzeugfederung nachweisbar ist.

Die Besonderheiten des instationären Verfahrensbeginnes sollen deshalb hier etwas näher betrachtet werden. Dazu werden die Voll-Vor-
wärtsfließpreßversuche des Abschnittes 4.2.3, die einen Überblick
über mehrere Rohteilgrößen bieten, herangezogen.

Es interessiert zunächst die Stelle des Schaftes, von der ab der Werkstückdurchmesser mit abnehmender Druckraumhöhe abnimmt, sowie
die Stelle des Schaftes, bei deren Bewegung durch den engsten Düsenquerschnitt die maximale Umformkraft beobachtet wird. Die Abstände
dieser beiden Durchmesser von der Schaftstirn, bezogen auf den Schaftdurchmesser, sind in Bild 62 über der relativen Querschnittsänderung ε_A aufgetragen. Im Bild 63 sind beide Verhältnisse gegeneinander aufgetragen. Berücksichtigt man, daß die Ermittlung der Abszis-
senpunkte solcher Maxima, insbesondere wenn sie flach verlaufen, mit
gewisser Unsicherheit behaftet ist, so kann man entnehmen, daß die
beiden Verhältnisse wahrscheinlich in Zusammenhang stehen und von
ε_A abhängen.

Der beschriebene Versuchsablauf gestattet den Vergleich der beim

Umformen von "Steckern" gemessenen Kraftverläufe mit den Verformungen der Schaftstirnfläche. Bei Abtasten und Schreiben der Stirnflächenwölbung mit dem Aufbau nach Bild 41 zeigt sich, daß sich beim Durchtreten des Werkstückes durch die Matrizenöffnung die Wölbung der Stirnfläche noch dann ändert, wenn die Stirnfläche die engste Matrizenöffnung bereits passiert hat. Ebenso kann beobachtet werden, daß der Kraftverlauf für die Umformkraft das Maximum nicht erreicht hat, solange diese Wölbungsänderung vonstatten geht (Bilder 64 und 65). Das bedeutet, daß das Kraftmaximum erst erreicht wird, nachdem die Schaftstirnkante die engste Werkzeugstelle längst passiert hat. Dies bedeutet auch, daß der zunächst bei diesem Durchtritt gebildete Durchmesser an der Schaftstirnkante beim weiteren Verlauf der Umformung durch den Stoffzusammenhang Veränderungen erfährt und deshalb nicht den Durchmesser erhalten kann, der dem Düsendurchmesser entspricht. Der Schaftdurchmesser ist wesentlich kleiner als die Werkzeugöffnung unter Last, was nur so erklärbar ist, daß sich Schaftstirnkante und zylindrischer Teil der Düse nicht berühren. Bild 66 zeigt die Veränderungen stirnkantennaher Schaftdurchmesser. Der eingetragene Werkzeugdurchmesser ohne Last läßt den Unterschied zum Durchmesser stirnkantennaher Werkstückzonen ablesen.

Unter den Versuchsbedingungen, die zu den Ergebnissen des Bildes 66 führten, konnte auch bestätigt werden, daß sich Schaftstirnkante und zylindrischer Teil der Düse nicht berühren. Es wurden "Stecker" umgeformt, ausgestoßen und am erzeugten kurzen Schaftmantel tuschiert, erneut ins Werkzeug eingelegt, ein Stück weiter umgeformt, erneut ausgestoßen, tuschiert usw., bis der Schaftmantel - an der abgetragenen Tusche erkennbar - am zylindrischen Teil der Düse angelegen hat. Erst ab Schaftlänge 11, 5 mm hat der Schaft (teilweise) den zylindrischen Teil der Düse berührt.

Bis zu dieser Schaftlänge waren bedeutende Stirnwölbungsänderungen zu beobachten (Bild 67). Bei Schaftlänge 13 mm lag das Durchmessermaximum der bei großem Umformweg erzeugten Probe (Bild 57), und bei Schaftlänge 15 mm das Umformkraftmaximum.

Es zeigt sich, daß die erwähnten Durchmesserveränderungen stirnnaher Werkstückzonen bei kleinem ε_A größer sind als bei großem ε_A (Bild 58). Bei kleinem ε_A ist offensichtlich ein den Werkzeugkonturen ungenügend folgender Stofffluß gegeben, da unter solchen Versuchsbedingungen nur die Randzonen der Probe plastifiziert werden.

Aufgrund dieser Ergebnisse darf folgender Schluß gezogen werden: Der Anlaufvorgang beim Voll-Vorwärtsfließpressen, der dazu führt, daß infolge des Stoffzusammenhanges, zwischen zylindrischem Teil der Düse und dem gebildeten Werkstückdurchmesser keine Berührung stattfindet, ist dann beendet, wenn die Umformkraft ihr Maximum erreicht. Während dieses instationären Vorganges ist der erzeugte Werkstückdurchmesser unabhängig vom unter Last vorhandenen Düsendurchmesser, jedoch abhängig von Umformgrad und Umformweg.

Es soll kurz darauf hingewiesen werden, daß Unterschiede zwischen Werkstückkontur und gemessener Werkzeugfederung ebenfalls bei der Untersuchung des Abstreckgleitziehens im Anlaufbereich beobachtet wurden (Abschnitt 4.2.1.2, Bild 43). Bei Berücksichtigung der bekannten instationären Umformkraftverläufe auch beim Abstreckgleitziehen [5], dürfte obige Erklärung auch hier zutreffen.

5 Einfluß der Umformtemperatur auf die Arbeitsgenauigkeit

Nach einer Kaltumformung sind etwa 85 %   der aufgewandten Umformenergie im Werkstück als Wärme enthalten [11].

Entsprechend der Umformtemperatur, mit der das Werkstück die maßerzeugende Werkzeugöffnung unter Belastung verläßt, wird es beim Abkühlen auf Raumtemperatur schrumpfen (schwinden). Die bei Raumtemperatur vorliegenden Maße müssen den Sollmaßen der Zeichnung entsprechen. Das betriebswarme Werkstück als Wärmequelle kann bis zum Ausstoßen das Umformwerkzeug durch Wärmeleitung aufwärmen. Vor Umformbeginn des ersten Werkstückes einer Serie hat das Werkzeug die Temperatur der Umgebung. Während der Fertigung ändern sich Werkzeugtemperatur und entsprechend auch die maßerzeugende Werkzeugöffnung. Damit ist die Untersuchung des Einflusses der Umformtemperatur auf die Arbeitsgenauigkeit wichtig.

5.1 Größe der Umformtemperatur

Wegen der Bedeutung der Hohlkörper für die wirtschaftliche Anwendung der Kaltmassivumformung wurden die auftretenden Umformtemperaturen an den Verfahren Abstreckgleitziehen und Hohl-Vorwärtsfließpressen untersucht. Beide Verfahren wurden auch aus folgenden Gründen gewählt:

Hohe Temperaturen sind bei großen Umformgraden zu erwarten. Der Temperatureinfluß auf Werkzeug- und Werkstückmaße ist bei größeren Abmessungen deutlicher meßbar als bei kleinen Abmessungen. Große Umformgrade können mit Hohl-Vorwärtsfließpressen erreicht werden. Große Durchmesser können durch beide Verfahren hergestellt werden.

Aus der grundlegenden Beziehung Arbeit = Kraft mal Weg ergeben sich

unter Benutzung der in [30] angegebenen Gleichungen für die Umformkraft folgende Beziehungen für die je Volumeneinheit aufgewandte Umformarbeit

$$ w = k_{f_m} \cdot \varphi \cdot \left(1 + 2 \frac{\mu}{\sin 2\alpha} + \frac{1}{2} \frac{\alpha}{\varphi}\right) \tag{25} $$

für das Hohl-Vorwärtsfließpressen[1] und

$$ w = 1{,}15 \, k_{f_m} \cdot \varphi \cdot \left(1 + 2 \frac{\mu}{\sin 2\alpha} + \frac{1}{2} \frac{\alpha}{\varphi}\right) \tag{26} $$

für das Abstreckgleitziehen[1]. Bei Umrechnung mit spezifischer Wärme und Stoffdichte findet man die beiden Gleichungen für die (mittlere)
Umformtemperaturerhöhung

$$ \Delta \vartheta_U = \frac{0{,}85 \cdot 1}{c \cdot \rho_m} \, k_{f_m} \cdot \varphi \left(1 + 2 \frac{\mu}{\sin 2\alpha} + \frac{1}{2} \frac{\alpha}{\varphi}\right) \tag{27} $$

für das Hohl-Vorwärtsfließpressen und

$$ \Delta \vartheta_U = \frac{0{,}85 \cdot 1}{c \cdot \rho_m} \cdot 1{,}15 \cdot k_{f_m} \cdot \varphi \left(1 + 2 \frac{\mu}{\sin 2\alpha} + \frac{1}{2} \frac{\alpha}{\varphi}\right) \tag{28} $$

für das Abstreckgleitziehen. Hierbei ist zu berücksichtigen, daß die
bei der Umformung aufgewandte Arbeit zu etwa 85 % als Wärme ·
im umgeformten Stoff steckt, und die in der Wirkfuge verbrauchte
Reibarbeit ins Werkstück geleitet wird.

Die oben angegebenen Beziehungen geben nach [11] in den Umform-
gradbereichen, die einer direkten Messung der Umformtemperatur
mittels Mikromantelthermoelementen zugänglich sind, die mit aufwen-
digeren Berechnungen gefundenen genaueren Temperaturen brauchbar
wieder. Deshalb wurden den obigen Gleichungen (25) bis (28) auch keine weiteren Reibungsglieder zugefügt. Auch in [5] konnte bestätigt

---

1) Gegenüber der Siebel-Gleichung wurde das 2. Klammerglied den
   Verhältnissen für größere Winkel angepaßt. Der Faktor 1, 15 berücksichtigt in Gl (26) die Annäherung an den ebenen Formände-
   rungszustand beim Abstreckgleitziehen.

werden, daß experimentelle Ergebnisse für die Stempelkraft beim Abstreckgleitziehen, von kleinen Düsenwinkeln abgesehen, mit den nach Gleichung (26) berechneten Werten gut übereinstimmen. Die Bilder 68 und 69 zeigen die nach den Gleichungen (27) und (28) gerechneten (mittleren) Umformtemperaturerhöhungen im Werkstück aus den Stoffen Al, ECu und Ma 8. Die größten Temperaturerhöhungen sind demnach in kaltumgeformten Werkstücken aus Stahl zu erwarten.

5.2 Auswirkungen auf werkzeuggebundene Maße

Bei Stahl ergibt eine Temperaturänderung um nur 10 K bei einem Maß von 100 mm bereits eine Wärmedehnung von ca. 0,01 mm.

Durch Wärmeleitung werden zunächst die Werkzeuge und bei genügend langer Fertigungszeit auch werkzeugtragende Pressenbauteile erwärmt.

Daraus sich ergebende Maßänderungen maschinengebundener Maße können über die Stempelverstellung korrigiert werden; ein solches Eingreifen ist bei werkzeuggebundenen Maßen nicht möglich. (Hier bietet sich aber Werkzeugvorwärmung an).

Durch Druckberührung zwischen Werkstück und Werkzeug in den Gebieten mit kleinem örtlichen Umformgrad (Einlauf des Werkstückstoffes in die Umformzone) kann der dort nur unerheblich über Raumtemperatur liegende Werkstückwerkstoff durch die wärmeren Werkzeugzonen, insbesondere bei Hohlwerkstücken wegen der Berührung am Innen- und Außendurchmesser, erwärmt werden. Der vorgewärmte Werkstoff nimmt zusätzlich die Umformenergie auf und erhält somit höhere Endtemperaturen gegenüber Werkstücken, die mit kaltem Werkzeug umgeformt wurden. Von diesen erhöhten Temperaturen schrumpfen sie auf Raumtemperatur und können dort ein anderes Maß einnehmen als im zunächst kalten Werkzeug erzeugte Werkstücke.

Auf der anderen Seite sind sie infolge der Werkzeugerwärmung durch eine entsprechend größere Werkzeugöffnung getreten. Bei nur wenig unterschiedlichen linearen Wärmeausdehnungskoeffizienten für Werkzeug- und Werkstückstoff können sich die Wärmeausdehnungen zwischen Versuchsbeginn und Erreichen des thermischen Gleichgewichtszustandes zum Teil aufheben.

Im Bild 70 ist aufgezeichnet, wie unter Voraussetzung dominierenden Einflusses der Wärmeschrumpfung zwischen Versuchsbeginn und Erreichen des thermischen Gleichgewichtes die Maßveränderung aussehen würde. Das Bild stellt dar, welche Maßunterschiede zu erwarten wären, wenn die gesamte Umformwärme bei Fertigung im kaltem bzw. betriebswarmem Werkzeug über die Schrumpfung voll in Maßunterschiede einginge. Abhängig vom Umformgrad wäre demnach dieser Fehler bei Stahl größer als bei Kupfer- und Aluminiumwerkstükken. Bild 71 zeigt demgegenüber die Verhältnisse unter der Voraussetzung, daß sich der Abstand zwischen Werkzeug-und Werkstücktemperaturen in jeder Versuchsphase weitgehend entsprechen. Unter diesen Bedingungen zeigt sich, daß die Werkstückstoffe Aluminium und Kupfer größere Maßunterschiede während der Aufheizperiode des · Werkzeuges aufweisen können. Durch Werkzeugvorwärmung kann hier Abhilfe geschaffen werden.

5.2.1 Eigene Versuche

Für die Versuche wurde der bereits beschriebene Aufbau, Bild 36, beim Abstreckgleitziehen und der ebenfalls beschriebene Aufbau, Bild 52, gewählt. Dieser kam deshalb in Betracht, weil ein sehr hoher Umformgrad bei intensiver zweiseitiger Werkzeug-Werkstückberührung vorliegt.

Die Temperaturerhöhungen werden dabei besonders groß, und deshalb wird die experimentelle Verfolgung auch wegen des relativ großen Nennmaßes von 75 mm Durchmesser erleichtert. Die relative Querschnittsänderung beträgt für das in Bild 72 gezeigte Werkstück aus Ma 8 ε_A = 0, 80 entsprechend φ = 1, 6.

Das Werkstück nach Bild 35 wird bei einer relativen Querschnittsänderung ε_A = 0, 45 entsprechend φ = 0, 6 umgeformt. Zur Beobachtung der auftretenden Werkzeugtemperatur wurden zusätzlich zu den bereits beschriebenen Mikromantelthermoelementen am Ziehwerkzeug (Bild 36), bei Werkzeugradius 75 mm und am Hohl-Vorwärtsfließpreßwerkzeug bei Werkzeugradii 65 mm und 120 mm Chromel-Alumel-Oberflächenthermoelemente aufgebracht.

Wie im Anhang A 2 beschrieben, wurden die Thermospannungen der einzelnen Meßstellen auf einem Kompensationsschreiber aufgezeichnet.

Über eine Versuchsdauer von 5 Stunden beim Abstreckgleitziehen wurden ca. 900 Werkstücke (Bild 35) bei einer Taktzeit von 8 bis 10 Sekunden, entsprechend 6 bis 7 Vorgängen je Minute, umgeformt. Dabei wurden die Temperaturen von Werkzeug und Werkstück bei Versuchsbeginn, bei im Versuchsverlauf vorkommenden betriebsüblichen Pausen von 1 bis 3 Minuten und einer ca. einstündigen Fertigungsunterbrechung beobachtet.

Beim Hohl-Vorwärtsfließpressen (Bild 52) hatte das Werkzeug anfangs ebenfalls Raumtemperatur. Während 4 1/2 Stunden konnten Werkzeug und Werkstück bei Versuchsbeginn, während und nach kurzen betriebsbedingten Pausen von 1 bis 3 Minuten, und während einer ca. einstündigen Fertigungsunterbrechung beobachtet werden. Die Taktzeit bei diesem Versuch betrug 15 Sekunden entsprechend 4 Vorgängen je Minute. Die Werkstücktemperatur nach der Umformung wurde mit Hilfe eines Oberflächenthermoelementes ermittelt.

Ein weiterer Versuch diente der Untersuchung des Wärmetransportes aus dem erwärmten Werkzeug ins Werkstück bei Betriebstemperatur des Werkzeuges, um abzuschätzen, ob der Wärmetransport während des Zeitraumes zwischen Werkstückeinlage und Aufbau der Druckberührung oder insbesondere in der Fuge bei Druckberührung stattfindet. Der Versuch diente zur Auswahl des geeigneten Rechenansatzes für die später beschriebenen Berechnungen.

Für diesen Versuch wurden in das durch Abstreckgleitziehen umzuformende Werkstück 6 Mikromantelthermoelemente beschriebener Art bis zur halben Wanddicke vom Außendurchmesser aus eingelassen und zur Entwicklung einer möglichst hohen Thermospannung hintereinander geschaltet. Das so vorbereitete Werkstück wurde auf den betriebswarmen Stempel des Ziehwerkzeuges gesteckt und der Wärmeübergang beobachtet.

5.2.2 Diskussion der Ergebnisse

Die Bilder 73 und 74 geben Ergebnisse aus Serienversuchen beim Abstreckgleitziehen wieder. Mit dem kalten Werkzeug beginnend (Bild·73) wurde ein Werkstück erzeugt, dessen Oberflächentemperatur nach Umformung ca. 56 K über Umgebungstemperatur lag. Bereits nach den ersten Arbeitsminuten stieg diese Temperaturerhöhung bis nahezu 100 K. Umformzonennahe Werkzeuggebiete erwärmten sich in den ersten Minuten unter den gegebenen Verhältnissen um mehr als 80 K über Raumtemperatur, während sich der gesamte Werkzeugverband, z.B. an einer Stelle am Matrizenradius 75 mm, relativ langsam erwärmte und nicht die Temperatur der umformzonennahen Bereiche erreichte. Dies weist auf intensiven Wärmeaustausch in der Wirkfuge hin.

Die entsprechenden Beobachtungen beim Temperaturabfall (Fertigungsunterbrechung) zeigt Bild 74. Es tritt wiederum eine sehr schnelle Änderung der Temperaturen umformzonennaher Werkzeuggebiete auf, während tiefer im Werkzeug liegende Zonen, wie zu erwarten, ihre Temperaturen langsamer ändern.

Daraus darf abgeleitet werden, daß sich fertigungsübliche Arbeitsunterbrechungen von 1 bis 3 Minuten nur auf die Temperaturen umformzonennaher Werkzeuggebiete auswirken. Ebenso wird verständlich, daß die Werkstücktemperatur von Stücken, die unmittelbar nach einer solchen Kurzpause gefertigt wurden, aus diesem Grunde niedriger liegen. Weil Werkzeugbereiche in weiterer Entfernung von der Umformzone bei kurzzeitigen Fertigungsunterbrechungen ihre Temperatur praktisch nicht ändern, ist verständlich, daß ein zu einem bestimmten Zeitpunkt festgestelltes Matrizenmaß während kurzer Unterbrechungszeit in erster Näherung unverändert bleibt.

Das werkstückabmessungsbildende Werkzeugmaß ändert sich entsprechend den durchgeführten Versuchen so, daß aus dem sich aufwärmenden Werkzeug die entsprechend wärmeren Werkstücke nach Abkühlung auf Raumtemperatur in erster Näherung keine maßlich unterschiedlichen Ergebnisse gegenüber dem Versuchsbeginn aufweisen, obwohl sich bei dem hier vorliegenden Durchmesser von 40 mm je 25 K Temperaturänderung eine Werkzeugmaßänderung von 0,01 mm ergibt.

Während des Versuchs wurden an ausgezeichneten Stellen des Temperaturverlaufs Werkstücke entnommen, auf Raumtemperatur abgekühlt und gemessen. Dabei konnten maximal 0,02 mm Maßunterschiede festgestellt werden, die aber nicht mit Temperaturunterschieden in der Wirkfuge in Zusammenhang gebracht werden können: Die Werkstückmaßunterschiede traten auf, obwohl die Werkzeugtemperatur an dieser Stelle gleich war. Diese Beobachtung wird noch in 5.4.2 diskutiert.

Die in Bild 75 bis 79 gezeigten Versuchsergebnisse für das Hohl-Vorwärtsfließpressen können entsprechend diskutiert werden.

Wieder mit kaltem Werkzeug beginnend (Bild 75) hatte das erste anfallende Werkstück an der Oberfläche eine Temperatur von 50 K über

Umgebungstemperatur. Nach den ersten Minuten wurden bereits Temperaturerhöhungen von über 100 K beobachtet. Umformzonennahe Werkzeuggebiete erreichten unter den gegebenen Verhältnissen - intensiven Wärmeaustausch in der Wirkfuge belegend - rasch sehr hohe Temperaturen. Analog zu den Beobachtungen des zuerst angeführten Beispiels wird auch hier an Stellen, die von den Umformzonen weiter entfernt sind, langsamerer Temperaturanstieg auf niedrigere Ausgleichstemperaturen registriert (Bild 78).

Die entsprechenden Beobachtungen bei Temperaturabfall zeigen Bild 76 und 79. Erkennbar ist wiederum die Abhängigkeit der Temperaturänderung vom Abstand von der Umformzone.

Auch bei diesem Versuch wurde festgestellt, daß trotz bedeutender Werkzeugmaßänderungen entsprechend den erheblichen Temperaturänderungen - 0,06 mm Matrizendurchmesserunterschied - in erster Näherung keine Werkstückmaßunterschiede nach Abkühlung auf Raumtemperatur vorliegen. Die beobachtete Werkstückdurchmesserschwankung von 0,04 mm kann auch bei diesem Versuch nicht mit Temperaturunterschieden in unmittelbarer Umgebung der Wirkfuge in Zusammenhang gebracht werden und wird noch in 5.4.2 diskutiert.

Die Versuche ergaben im übrigen, daß nach längeren Fertigungsunterbrechungen (ca. 1/2 bis 1 Stunde) mit dem Versuchsbeginn bei Raumtemperatur vergleichbare Verhältnisse vorliegen.

Die tatsächlich auftretenden Abmessungsschwankungen an Stahlwerkstücken können nach den vorliegenden Versuchsergebnissen nicht mit den allmählich zunehmenden Wärmedehnungen der Werkzeuge bei Arbeitsbeginn oder nach längeren Fertigungspausen erklärt werden. Die Versuchsergebnisse zeigen vielmehr, daß in erster Näherung Verhältnisse entsprechend Bild 71 vorliegen. Wenn **Werkzeug** und **Werkstück** aus Werkstoffen mit gleichem oder unwesentlich unterschiedlichem linearen Wärmeausdehnungskoeffizienten bestehen, liegt keine Maßbeeinflussung des Werkstückes durch thermisch bedingte Werkzeugmaßänderungen während der Fertigungsanlaufphase vor. Andererseits kann für Werkstücke aus Aluminium oder Kupfer bzw. bei Werkzeugstoff-/Werkstückstoffkombinationen mit erheblichem Unterschied der linearen Wärmeausdehnungskoeffizienten eine nicht vernachlässigbare Werkstückmaßveränderung mit Änderung der Werkzeugtemperatur während der Anlaufphase erwartet werden, wenn die Werkzeuge nicht vorgewärmt werden. Aus Bild 71 kann für Aluminium und Kupfer die Größe des zu erwartenden Maßunterschiedes abgelesen werden. Er ist abhängig vom Umformgrad, der Werkstückgröße und vom Werkstoff des Werkstückes bzw. dem Unterschied der linearen Wärmeausdehnungskoeffizienten von Werkzeug und Werkstück. Der Einfluß des Reibwertes μ und der des Matrizenöffnungswinkels 2α wird aus den Gleichungen 25 bis 28 ebenfalls deutlich.

Bild 77 gibt ergänzend den aufgenommenen Temperaturgang des umformzonennahen Matrizenbereiches für das Hohl-Vorwärtsfließpressen des Werkstückes nach Bild 72 wieder. Die fertigungsüblichen Unterbrechungen sind deutlich zu erkennen.

Bild 80 schließlich zeigt das Ergebnis des Aufheizversuches des auf den warmen Stempel aufgesteckten Werkstückes (Vorform nach Bild 35). Man sieht, daß relativ lange Berührzeiten notwendig sind, um bemerkbare Wärmemengen auf das ins Werkzeug eingelegte bzw. aufgesteckte, umzuformende Werkstück zu übertragen. Daraus folgt, daß die beobachtete Wärmeaufnahme des Werkstückes aus betriebswarmem Werkzeug bei entsprechend hohen Wärmeübergangszahlen während des kurzen Zeitabschnittes intensivster Druckberührung in der Umformzone vor Durchtritt des Werkstückstoffes durch die formgebenden Öffnungen stattfindet. In $\begin{bmatrix} 1, & 6, & 10 \end{bmatrix}$ wird von Wärmeübergangszahlen bis zu 40 kW/m^2 K berichtet. Dabei ist besonders auf die um eine Größenordnung schwankenden Schrifttumsangaben hinzuweisen. Dies wird noch bei eigenen Berechnungen in Abschnitt 5.3 und Abschnitt 5.4 berücksichtigt. Zur Beurteilung der Bedeutung der Berührzeit nach dem Einlegen von Rohteilen in betriebswarme Umformwerkzeuge kann aus den Versuchsergebnissen entnommen werden, daß diese Zeitspanne vor der eigentlichen Druckberührung für die Wärmeübertragung bei normalen Verhältnissen nicht ausreicht, die Arbeitsgenauigkeit nachteilig zu beeinflussen.

5.3 Auswirkungen auf Formfehler (Zylindrizitätsfehler)

Zur Auswirkung auf Formfehler (Zylindrizitätsfehler) wird in [7] berichtet, daß bei warmfließgepreßten Stahlwerkstücken der Durchmesser eines gepreßten Vollzylinders oder eines Napfes über seine Länge nicht konstant ist. Dieser Formfehler wird mit dem Temperaturverlauf während der Umformung begründet, so daß wegen der bei Vorgangsende wärmeren Umformzone die Schwindung größer sei. In vorliegender Arbeit wurde in Kapitel 4 ein Zusammenhang zwischen diesem Formfehler und der momentanen Druckraumhöhe gefunden.

Beim Umformen durch Abstreckgleitziehen - mit konstanter Druckraumhöhe - wurde an den fertigen Werkstücken ein Zylinderformfehler beobachtet und mit dem Kraftverlauf bei Vorgangsbeginn und der Werkstückrückfederung unter Berücksichtigung der versteifenden Wirkung des geschlossenen Werkstückbodens erklärt. Da für dieses hohle Werkstück mit relativ dünner Wand der auftretende Zylindrizitätsfehler sich nur qualitativ erklären ließ, soll der mögliche Temperatureinfluß untersucht werden.

Vor Ansatz entsprechender Berechnungen kann aus Bild 80 abgeleitet werden, daß im Zeitraum zwischen Werkstückeinlegen und Druckberührung in der Wirkfuge kein den Formfehler beeinflussender Wärmeübergang stattfinden kann. Die Berechnungen sind damit für den Zeitraum des Stofflusses durch die Umformzone anzusetzen, weil dort hohe Wärmeübergangszahlen zu erwarten sind. Dabei müssen folgende Vorgänge betrachtet werden:

1. der Wärmetransport aus dem betriebswarmen Werkzeug in das sich bei Raumtemperatur befindliche Werkstück,

2. der Wärmetransport im Werkstück aus der Umformzone gegen die Werkstückbewegungsrichtung.

5.3.1 Eigene Berechnungen

Wie bereits erwähnt, finden sich im Schrifttum [1, 6, 10] Wärmeübergangszahlen bis zu 40 kW/m^2 K. In [1] und [10] werden beim Gesenkschmieden von Stahl Zahlen mitgeteilt, die sich um eine Größenordnung unterscheiden.

Wegen dieser Unsicherheit wird eine Schrankenabschätzung mit $\alpha_{\ddot{u}} = \infty$ gewählt. Sie hat den Vorteil, sowohl für den Wärmetransport über die Berührfläche hinweg, als auch für den Wärmetransport innerhalb des Stoffes anwendbar zu sein. Dabei reduziert sich das Problem auf den instationären Wärmetransport in den halbunendlichen Körper, wenn nur kurze Zeiten (kleine Fourierzahl) untersucht werden müssen. Das ist hier der Fall, weil die Druckberührzeit bei Kaltmassivumformvorgängen zwischen Bruchteilen von Sekunden und maximal 1 bis 2 Sekunden beträgt.

Die Wärmeleitungsgleichung im eindimensionalen Fall lautet

$$\frac{\partial \vartheta}{\partial t} = \alpha \, \frac{\partial^2 \vartheta}{\partial x^2} \tag{29}$$

wobei

$$\alpha = \frac{\lambda}{c \, \varrho_m} \tag{30}$$

Bild 81 zeigt die Verhältnisse für den halbunendlichen Körper auf der

Werkzeug- und Werkstückseite. Das betriebswarme Werkzeug mit Temperatur ϑ_{Betr} berührt das Werkstück mit der Umgebungstemperatur ϑ_{Umg}. Die während des gesamten zu betrachtenden Anlaufvorganges konstant anzusehenden Temperaturen ϑ_C stellen sich so ein, daß der zu jedem Zeitpunkt durch die betrachtete Grenzfläche tretende Wärmestrom ϕ_{aus} gleich dem in den angrenzenden Stoffbezirk eintretende Wärmestrom ϕ_{ein} ist.

$\vartheta_{C\,Wst}$ wird gleich $\vartheta_{Betr} = \vartheta_C$ gesetzt, das heißt, die energieabgebende Umgebung wird auf konstanter Betriebstemperatur gehalten.

Die Lösung der Wärmeleitungsgleichung (29) lautet für den halbunendlichen Körper

$$\frac{\vartheta\,(x,t)}{\vartheta_C} = \frac{1}{\sqrt{\pi}} \int_{-\eta_0}^{+\eta_0} e^{-\eta^2}\,d\eta = \frac{2}{\sqrt{\pi}} \int_{0}^{\eta_0} e^{-\eta^2}\,d\eta = erf(\eta) \quad (31)$$

$$\text{mit} \quad \eta = + \frac{x}{\sqrt{4at}} \quad\quad\quad (32)$$

Die Beziehung (31) stellt das normierte Gauß'sche Fehlerintegral dar, d.h. $erf(\eta) \rightarrow 1$ für $\eta \rightarrow \infty$.

Eine bedeutende thermische Belastung der Umgebung soll angenommen werden, wenn in einem Abstand x von der Übergangsfläche die halbe Betriebstemperatur erreicht ist.

$$\frac{\vartheta\,(x,t)}{\vartheta_C} = erf\left(\frac{x}{\sqrt{4at}}\right) \doteq 0,5 \quad\quad (33)$$

Aus Tabellen in Werken über Wärme- und Stoffübertragung, z.B. in [8] ist aus dem zugehörigen Wert $\dfrac{x}{\sqrt{4at}} = 0,477$ die dafür erforderliche Druckberührzeit

$$t_{b\,50\%} = \frac{1}{4a\,0,477^2} \cdot x^2 \quad\quad (34)$$

errechenbar.

Beziehung (34) zeigt, daß sich für Werkstoffe mit a = konstant für die notwendige Berührzeit bis zum Erreichen der halben Betriebstemperatur eine Parabel in Abhängigkeit von dem Abstand des interessierenden Ortes im wärmebeeinflußten Stoff ergibt.

Die Wärmestromdichte in der Berührfläche beträgt

$$q = \lambda \cdot \left(\frac{\partial \vartheta}{\partial x}\right)_{x=0} \tag{35}$$

Differentiation von (31) nach ∂x liefert $\left(x = 0 \;\hat{=}\; \eta = 0\right)$

$$\frac{\partial \vartheta(x,t)}{\partial x} = \vartheta_c \cdot \frac{1}{\sqrt{\pi}} \cdot 2 \cdot \frac{\partial \int_0^{+\eta_0} e^{-\eta^2} d\eta}{d\eta} \cdot \frac{\partial \eta}{\partial x} \; ;$$

$$\frac{\partial \eta}{\partial x} = \frac{1}{\sqrt{4at}} \; ; \quad \frac{\partial \vartheta(x,t)}{\partial x} = \frac{2\,\vartheta_c}{\sqrt{\pi}\sqrt{4at}} = \frac{\vartheta_c}{\sqrt{\pi\,at}}$$

Damit wird (35) zu

$$q = \frac{\lambda\,\vartheta_c}{\sqrt{\pi\,at}} \tag{36}$$

Während der Berührzeit $t_{b50\%}$ strömt durch die Oberfläche die Wärmemenge

$$Q_{t_{b50\%}} = A_b \int_0^{t_{b50\%}} q\,dt = A_b \frac{\lambda\,\vartheta_c}{\sqrt{\pi\,a}} \int_0^{t_{b50\%}} \frac{dt}{t^{1/2}} =$$

$$= A_b \frac{2\,\lambda\,\vartheta_c \sqrt{t_{b50\%}}}{\sqrt{\pi\,a}} \; ;$$

$$Q_{t_{b50\%}} = A_b \frac{2}{\sqrt{\pi}} \vartheta_c \sqrt{\lambda\,c\,\varrho_m} \sqrt{t_{b50\%}} \tag{37}$$

Durch diese Wärmemenge wird der Werkstückwerkstoff vor Durchtritt durch die formgebende Werkzeugöffnung auf eine Temperatur gebracht, die nach

$$Q_{t_{b50\%}} = A_b\,c\,\varrho_m \frac{1}{\sqrt{\pi}}\,\frac{1}{0,477} \times \vartheta_c \tag{38}$$

für die betroffene Masse errechnet werden kann (aus (37) unter Zuhilfenahme von (34) und (30)).

Diese Wärmemenge bedingt beim Abkühlen einer zur Werkstückachse senkrecht herausgeschnittenen bestimmten Werkstückzone auf Raumtemperatur im Vergleich zu einer solchen Werkstückzone des gleichen Werkstückes, welche die Umformzone zeitlich früher passiert hat, einen geringeren Durchmesser der später umgeformten Werkstückzone.

Unter Zuhilfenahme der Temperaturänderung $\Delta \vartheta$ durch Wärmezufuhr in einem endlichen Volumenelement

$$\Delta \vartheta = \frac{Q}{m \, c \, \varrho_m} \qquad mit \quad m = A_b \cdot s_W \qquad (39)$$

ergibt sich die Temperaturzunahme im betroffenen Werkstoffelement mit Dicke s nach der Berührzeit $t_{b50\%}$ zu

$$\Delta \vartheta_{t_{b50\%}} = \vartheta_C \frac{x}{\sqrt{\pi} \cdot 0,477 \cdot s_W} \qquad (40)$$

Gleichung (40) sagt aus, daß bei Betriebstemperatur die zur Zeit $t_{b50\%}$ gehörende Temperatur im Werkstück bei bestimmter Masse (Wanddicke), linear mit dem zunächst angenommenen Abstand x von der Wärmeübergangsfläche ansteigt. Da die dazugehörende Zeit $t_{b50\%}$ nach (34) proportional x^2 ist, folgt, daß für eine feste Berührzeit, die sich aus der Geometrie der Umformzone und der Arbeitsgeschwindigkeit ergibt, die Erwärmung des Werkstückes vor der Umformung und die daraus resultierende Abmessungsverminderung durch Schwinden um so geringer sind, je dickwandiger ein Werkstück bzw. die Vorform ist.

Die als nächster Schritt nunmehr folgende Abschätzung des Einflusses der Schwindung auf den Formfehler bei verschiedenen Stoffen, muß mehrere Stoffkenngrößen berücksichtigen:

Die Temperatur in einem gegebenen Stoffgebiet wird erhöht, wenn der

Ausdruck $\sqrt{\lambda c \varrho_m} = b$ in Gleichung (37), die "Wärmeeindringzahl" [8], zunimmt, weil dann große beeinflußte Zonen vorliegen. Die Temperatur wird weiter erhöht, wenn $\dfrac{k_f}{c \cdot \varrho_m}$ (Gleichung (27) und (28)), d.h. die Umformenergie zunimmt. Schließlich wird die Schwindung des Werkstückes mit zunehmendem linearen Wärmeausdehnungskoeffizienten α_l erhöht.

Als Vergleichsgröße kann man somit heranziehen:

$$\Delta Z = b \; \frac{k_{fm}}{c \, \varrho_m} \; \alpha_l = \sqrt{a} \; k_{fm} \; \alpha_l \qquad (41)$$

Die Zahlen können entsprechend Tabelle 5 angesetzt werden.

Daraus errechnet sich für ΔZ von Al, Cu und Stahl ein Verhältnis von

$$\Delta Z_{Al} : \Delta Z_{Cu} : \Delta Z_{Stahl} = 1 : 2,43 : 1,18 \qquad (42)$$

Damit ist der größte absolute Formfehler bei Werkstücken aus Kupfer zu erwarten, wenn die Vorform und die fertigen Werkstücke aus den Vergleichsstoffen gleiche Geometrie aufweisen, und wenn sie mit gleicher Taktgeschwindigkeit umgeformt werden. Die Größenordnung des Fehlers ist für alle drei Vergleichswerkstoffe gleich.

5.3.2 Diskussion der Ergebnisse

Eigene Maßaufnahmen, aus denen sich Formfehler berechnen lassen, liegen für Stahlwerkstoffe vor. Deshalb soll die Beeinflussung des Formfehlers durch Schwindung für Stahl diskutiert werden. Da die Größenordnung der Beeinflussung nach Gleichung (42) für die beiden Vergleichswerkstoffe gleich ist, dürfen auch Schlüsse für diese Werkstoffe gezogen werden.

Bild 82 enthält Rechenergebnisse nach Gleichung (34). Es ergibt sich, daß bei Kohlenstoffstahl, unter den gemachten Voraussetzungen für eine beachtenswerte thermische Beeinflussung, zu einer gegebenen Druckberührzeit die geringste Beeinflussungstiefe der drei betrachteten Stoffe gehört.

Aus der Darstellung erkennt man, daß wegen der praktisch vorkommenden Arbeitsgeschwindigkeiten bei Pressen keine Zeit für Wärmeleitung innerhalb des umzuformenden Stoffes entgegen der Werkzeugbewegungsrichtung, z.B. beim Vorwärtsfließpressen, oder mit der Werkzeugbewegungsrichtung beim Rückwärtsfließpressen, vorhanden ist: Die Stempelgeschwindigkeit übersteigt um mehr als eine Größenordnung die Wärmeausbreitungsgeschwindigkeit im Stoff. Es kommt somit für die Wärmeübertragung von Werkstück auf Werkzeug und umgekehrt nur der Fugenbereich der Umformzone während der Druckberührzeit in Betracht. Dies gilt auch für die besser wärmeleitenden Stoffe Aluminium und Kupfer. Damit ist auch die Zulässigkeit des Ansatzes der Wärmeleitungsgleichung für den eindimensionalen Fall gezeigt.

Es muß nun noch die Formfehlerbeeinflussungsmöglichkeit während der Zeit des Stofflusses durch die Düse diskutiert werden. Nach Abschnitt 5.3 ist eine Beeinflussung nur bei dünnen Hohlkörpern und niedrigen Arbeitsgeschwindigkeiten denkbar. Reale Umformzonen, die z.B. bei dem Werkstück nach Bild 35 15 mm Druckberührlänge in der Düse aufweisen, sind bei der vorliegenden Stempelgeschwindigkeit von 0,3 m/s nach 0,05 Sekunden durchlaufen. Dabei ist Wärmeübergang von Werkzeug ins Werkstück nur auf dem Teil der Berührfläche zu erwarten, wo die Umformarbeit den Werkstückstoff noch nicht bis zur Temperatur der Werkzeugwand erwärmt hat. Das bedeutet, daß nicht die gesamte Druckberührzeit für den Wärmeübergang ins Werkstück zur Verfügung steht. Deshalb kann auch nicht die aus der gesamten Druckberührzeit sich errechnende Wärmebeeinflussung bis in eine Tiefe von ca. 1,5 mm (Bild 82) vorliegen. Da die Wanddicke der Vorform 6,5 mm beträgt, muß auch bei Berücksichtigung zweiseitiger Werkzeug-Werkstückberührung viel weniger als 45 % dieser Wanddicke beeinflußt sein.

Daraus folgt, daß sich zwar Werkzeugoberflächentemperaturveränderungen innerhalb eines Arbeitshubes auf die Oberfläche mitteilen können, bei den üblicherweise vorkommenden Temperaturen und Werkstückabmessungen können allerdings daraus keine Zylindrizitätsfehler folgen. Dazu wäre für das diskutierte Beispiel erforderlich, daß sich je 0, 01 mm Zylindrizitätsfehler, bei dem gegebenen Werkstückdurchmesser 40 mm, zwischen Hubbeginn und Hubende 25 K Werkstücktemperaturunterschied einstellen. Da nur viel weniger als 45 Prozent der Wanddicke beeinflußt sind, müßten zwischen Hubbeginn und Hubende je 0, 01 mm Fehler viel mehr als 110 K Unterschied auftreten, denn als wesentliche Wärmebeeinflussung war eine solche angenommen worden, bei der in der Tiefe x die halbe Oberflächentemperatur auftritt. Für eine rechnerische und gemessene Umformtemperatur von ca. 95 K über Raumtemperatur können somit die beobachteten Formfehler von mehreren Hundertstel mm nicht folgen (Bild 42, 43).

Dieses Ergebnis kam durch Erörterung an einem Stahlwerkstück zustande; nach Beziehung (42) braucht für die Stoffe Kupfer und Aluminium wegen der gleichen Größenordnung der Verhältniszahlen ebenfalls keine Formfehlerbeeinflussung erwartet zu werden. Dies unterstreicht die Bedeutung des Einflusses des Umformkraftverlaufes, der abnehmenden Druckraumhöhe, und der Werkstückrückfederung bei dünnen Hohlwerkstücken, auf den Zylindrizitätsfehler.

5. 4 Auswirkungen auf Maßfehler werkzeuggebundener Maße

Es konnte gezeigt werden, daß innerhalb des Zeitintervalls eines Arbeitsganges Wärmeaustauschvorgänge zwischen Werkstück und Werkzeug auf oberflächennahe Zonen beschränkt bleiben. Somit kann, von sehr dünnwandigen Werkstücken abgesehen, die Auswirkung der Erwärmung auf den Maßfehler werkzeuggebundener Maße wie folgt gesehen werden:

Wenn der überwiegende Anteil der Umformarbeit im Werkstück als
Wärme enthalten ist, muß aus Arbeitsschwankungen ein unterschiedlicher Wärmeinhalt der Werkstücke folgen. Da zwischen zwei Werkstücken unterschiedliche Umformtemperaturen wegen der Begrenzung
auf oberflächennahe Werkzeugzonen nicht zu einer Maßveränderung
des Werkzeuges führen, kann unterschiedliche Schrumpfung des Werkstückes vom gleichen Werkzeugmaß aus erwartet werden. Damit müssen die daraus errechenbaren Maßveränderungen bei Raumtemperatur
einen Teil der auftretenden gesamten Maßschwankungen an den Werkstücken bilden.

5. 4. 1 Eigene Berechnungen

Erfahrungsgemäß hängen die Schwankungen der Umformarbeit für eine
Folge gleichartiger Umformungen damit zusammen, daß - bei charak-
teristisch gleichem Kraftverlauf - Schwankungen der Umformkraft auftreten. Dies wird in [35] bestätigt. Dort wurden Schwankungen der
Umformkraft und der Umformarbeit in der Größenordnung von 10 % gefunden.

Für die aus diesen Schwankungen resultierenden Unterschiede der Umformtemperatur werden die Beziehungen (27) und (28) herangezogen.
Unter Zuhilfenahme der Bilder 68 und 69 können bei Berücksichtigung
der genannten Kraftschwankungen von 10 Prozent die Umformtemperatur-
unterschiede angegeben werden. Aus dem zu betrachtenden Maß des
Werkstückes und dem linearen Wärmeausdehnungskoeffizienten des
Werkstückes läßt sich nach Gleichung

$$\Delta d_{Wst} = \alpha_l \, d_{Wst} \cdot 0,14 \, \vartheta_U \tag{43}$$

der zu erwartende Maßschwankungsanteil errechnen. Entsprechend kann in Bild 70

$$\frac{\Delta \alpha_{Wst}}{\alpha_{Wst}} = \alpha_l \cdot 0,1 \Delta \vartheta_U \tag{44}$$

abgelesen werden, weil die Kurven dieses Bildes das theoretische
Schwindmaß bei Ansatz der gesamten Umformtemperatur angeben.
Für die hier notwendigen Abschätzungen ist somit der Ordinatenmaß-
stab um den Faktor 10 zu verkleinern, so daß aus

$$\alpha_l \Delta \vartheta_U \cdot 10^{-4}\ [-] \longrightarrow \alpha_l \Delta \vartheta_U\ 10^{-5}\ [-] \tag{45}$$

wird.

5. 4. 2 <u>Diskussion der Ergebnisse</u>

Diese aus der Schwindung (bei konstantem Matrizenmaß) sich ergebenden Maßschwankungsanteile treten neben den durch die Werkzeugfederungsschwankungen bedingten Maßschwankungsanteilen auf. Unter der
Voraussetzung einer 10 Prozent-Schwankung des Kraft- und Arbeits-
bedarfes ergibt sich das Verhältnis von Werkzeugfederungsschwankung
zu Werkstückschwindungsschwankung $\Delta f_{Wz} / \Delta r_{Wst}$, d.h. das Verhältnis der daraus resultierenden Maßschwankungsanteile wie folgt:

$$\frac{\Delta f_{Wz}}{\Delta r_{Wst}} = \frac{\Delta \sigma_r \cdot \frac{1}{C_r}}{\Delta \vartheta_U \alpha_l r_{Wst}} = \frac{0,1 \cdot \sigma_r \cdot \frac{1}{C_r}}{0,1 \Delta \vartheta_U \alpha_l r_{Wst}} \tag{46}$$

Beim Hohl-Vorwärts- und Voll-Vorwärtsfließpressen soll näherungsweise σ_r zu

$$\sigma_r = \frac{\frac{F_U}{r_a^2 \pi} + k_{f_0} + k_{f_e}}{2} = \frac{F_U}{2\,r^2 \pi} + k_{f_m} \tag{47}$$

gesetzt werden. Die Ausrechnung liefert dann für das Hohl-Vorwärtsfließpressen

$$\frac{\Delta f_{Wz}}{\Delta r_{Wst}} = \frac{\left[\frac{1}{2}\left(1 + \frac{2\mu}{\sin 2\alpha} + \frac{1}{2}\frac{\alpha}{\varphi}\right) + \frac{1}{\varphi}\right] \frac{(1+\nu)(1-2\nu)}{E}}{\alpha_i \cdot \frac{0,85}{c \cdot \varrho_m}\left(1 + \frac{2\mu}{\sin 2\alpha} + \frac{1}{2}\frac{\alpha}{\varphi}\right)} \tag{48}$$

d.h. eine hyperbelähnliche Beziehung in Abhängigkeit von φ.

Diese Beziehung ist für das Hohl-Vorwärtsfließpressen unter den Annahmen $2\alpha = 120^{\circ}$, $\mu = 0,1$ und Werkzeugfederkonstante nach Gleichung (21) für die Werkstückstoffe Ma 8, Kupfer, Aluminium aufgezeichnet. Zusätzlich ist bei Stahl die Abhängigkeit für das Voll-Vorwärtsfließpressen eingetragen (Bild 83).

Man erkennt, daß bei Aluminium und Kupfer die durch Werkstückschwindung hervorgerufenen Maßschwankungsanteile diejenigen überwiegen, welche durch Werkzeugfederungsschwankungen hervorgerufen werden. Bei Stahlwerkstücken sind unter den angegebenen Voraussetzungen in weiten Bereichen für den Umformgrad beide Maßschwankungsanteile etwa gleich groß. Für praktische Armierungsverhältnisse entsprechend Gleichung (21) muß bei einer radialen Werkzeugbeanspruchung von $2000\ \text{N/mm}^2$ etwa 0,5 ‰ Federungsschwankung für den Matrizeninnendurchmesser erwartet werden. Für diese als Werkzeuggrenzbelastung anzusehenden Verhältnisse folgt für Aluminium ein Schwindungsanteil von mehreren ‰ des Werkstückdurchmessers. Für Stahlwerkstücke ist der Schwindungsanteil etwa so groß wie der Federungsanteil. Die Kurve für den Werkstoff Kupfer liegt zwischen Stahl und Aluminium.

Für einen gegebenen Umformgrad kann Bild 70 entnommen werden, daß Werkstücke aus den Stoffen Stahl und Kupfer etwa gleich große Schwindung ergeben; der Werkstoff Aluminium liegt mit seinen Schwindungswerten deutlich darunter.

Somit werden mit Federungen des Werkzeuges und Wärmeschrumpfung der Werkstücke nach der Umformung entsprechend den Schwankungen der Umformarbeit zwei wesentliche Einflußgrößen auf die Maßschwankungen sichtbar.

Die Einflußnahme geschieht derart, daß erstens aus einem Kraftanstieg zwischen zwei nacheinander gefertigten Werkstücken ein vorzeichengleicher Federungsanstieg folgt, zweitens einem Anstieg der Umformarbeit (z. B. als Folge höherer Umformkraft über den gesamten Vorgang oder als Folge höherer Reibung) eine größer werdende Wärmeschrumpfung des Werkstückes entspricht.

Damit läßt sich der aus beiden Einflüssen ergebende Maßfehler an werkzeuggebundenen Außendurchmessern errechnen. Die beiden Maßfehleranteile sind entsprechend dem Fehlerfortpflanzungsgesetz zu addieren:

$$\Delta M = \sqrt{(\Delta M_1)^2 + (\Delta M_2)^2 + \ldots} \tag{49}$$

Es ergibt sich dabei eine Abhängigkeit vom Umformgrad entsprechend Bild 84 für die Werkstückstoffe Stahl, ECu, Al. In dieses Bild wurden auch beobachtete Maßfehler an Stahlwerkstücken eingetragen. Man erkennt, daß über dem praktisch vorkommenden Bereich des Umformgrades bei Stahlwerkstücken der Abstand zwischen beiden Kurven etwa 1 ‰ des Werkstückdurchmessers beträgt. Dies bedeutet, daß unter den getroffenen Annahmen an werkzeuggebundenen Außendurchmessern Maßschwankungen errechnet werden, die - wie auch Vergleich mit Bild 4 annehmen läßt - <u>mindestens</u> zu erwarten sind, d. h. die auch bei Werkzeugvorwärmung und gleichmäßigem Arbeitstakt nicht unterschritten werden können.

1 ‰ des maßerzeugenden Durchmessers werden demnach von anderen als den in Bild 84 zusammengefaßten Einflüssen bestimmt. Es soll nun abgeschätzt werden, woher dieser Unterschied von ca. 1 ‰ kommen kann.

Der unter 4. 2. 2 diskutierte Einfluß der Werkstückrückfederung an relativ dünnwandigen Teilen - dort in seiner Wirkung auf Formfehler erkannt - scheidet aus, weil sonst Hohl- und Vollkörper charakteristische Unterschiede bezüglich Maßfehlern zeigen müßten, was nicht zu beobachten war. Zudem geht in den Maßfehler nur die Rückfederungsschwankung ein.

Daraus kann gefolgert werden, daß die Maßschwankungen an werkzeuggebundenen Außendurchmessern hauptsächlich thermisch bedingt sein müssen.

Obwohl zu beobachten war, daß bei Fertigungsbeginn, von den allerersten Arbeitstakten abgesehen, aus der sich allmählich durchgreifend erwärmenden Matrize keine allmählich im Durchmesser sich verändernden Werkstücke anfallen, muß man aufgrund der gemachten Beobachtungen davon ausgehen, daß bei konstanter Fugentemperatur bei bestimmten Betriebszuständen unterschiedliche Temperaturfelder im Matrizenkörper vorliegen können. Sie führen zu unterschiedlichen thermomechanischen Spannungszuständen in der Matrize und damit zu veränderten maßerzeugenden Werkzeugöffnungen. Bei gleichbleibender Fugentemperatur ergeben sich daraus Maßunterschiede an den Werkstücken.

Ebenso ändert sich, wie die Bilder 74 und 76 zeigen, durch kurzzeitige Taktunterbrechungen an der maßerzeugenden Matrizenöffnung sehr schnell die Temperatur. Daraus folgt eine niedrigere Temperatur der umgeformten Werkstücke nach solchen Unterbrechungen, die mit einer verringerten Schwindung einhergeht.

Rechnet man für die beiden genannten thermisch bedingten Veränderungen mit 50 K Temperaturschwankung - ein Wert, der bei den Versuchen zu beobachten war - ergeben sich daraus Maßschwankungsanteile von je 0,6 ‰ des Durchmessers. Nach Gleichung (49) kann daraus ein Maßfehleranteil von 0,85 ‰ errechnet werden, womit sich die in Kapitel 5.2.2 beschriebenen Maßschwankungen an den Versuchsstücken

bei konstanter Fugentemperatur nachweisen lassen und gute Übereinstimmung mit dem Ordinatenunterschied von 1 ‰ für Stahlwerkstücke
(Bild 84) festgestellt werden kann.

Diese Diskussion für werkzeuggebundene Außendurchmesser hat ergeben, daß der Temperatureinfluß auf Werkzeug und Werkstück sehr
stark maßfehlerbestimmend ist. Deshalb ist zu erwarten, daß bei
werkzeuggebundenen Innendurchmessern - wegen der kleineren beein-
flußbaren Werkzeugmasse - kleinere Maßstreuungen auftreten. Dies
wird durch Vergleich der Bilder 4 und 5 bestätigt: Die Maßstreuungen
bei Innendurchmessern betragen etwa zwei Drittel der Streuungen bei
Außendurchmessern.

Somit hat man drei temperaturbedingte Maßschwankungsanteile, die
nach dem Fehlerfortpflanzungsgesetz Gleichung (49) addiert werden
können

- Werkstückschwindung aus schwankender Umformarbeit,

- Werkstückschwindung aus Unterschieden der Fugentemperatur bei
  kurzen Fertigungspausen,

- Veränderungen des maßerzeugenden Werkzeugdurchmessers aus
  veränderlichen Temperaturfeldern im Werkzeugkörper.

Wegen des dominierenden Einflusses der Temperatur auf Maßfehler
bei werkzeuggebundenen Durchmessern kann gefolgert werden, daß
Werkzeugvorwärmung und -temperaturkontrolle (d.h. Maßnahmen zum
Konstanthalten der Werkzeugtemperatur) wichtige Voraussetzungen
zum Erreichen hochgenauer Werkstücke darstellen.
Eine Fertigung, deren sorgfältig geplanter, vorbereiteter und kontrol-
lierter Ablauf eine weitgehend mechanisierte, kontinuierlich ablaufende
Herstellung großer Serien erlaubt, kann somit als eine wichtige Voraussetzung für die Einhaltung enger Fertigungstoleranzen angesehen werden.

6 Zusammenfassung

In der vorliegenden Arbeit wurde die Arbeitsgenauigkeit einiger wichtiger Verfahren des Kaltmassivumformens untersucht. Als Ansatzpunkt war zunächst die Erarbeitung eines Überblickes über die auftretenden geometrischen Ungenauigkeiten unter Zuhilfenahme mathematisch statistischer Methoden notwendig.

Dies führte zu statistisch gesicherten Beziehungen, welche die Grundlage eines Vorherbestimmungssystems für Werkstückungenauigkeiten bilden können. Der Vorteil solcher Beziehungen besteht im folgenden:

- Sie erfassen alle wirkenden Einflußgrößen, auch nach ihrem Gewicht.

- Sie stellen ein schnell und leicht anwendbares Hilfsmittel zur Angabe der erreichbaren Genauigkeit dar.

Es hat sich gezeigt, daß für das Gesenkschmieden in dieser Hinsicht vorliegende Erfahrungen [9], die bereits zu DIN 7526 verarbeitet sind, für die Verfahren der Kaltmassivumformung bestätigt werden können.

Anschließend wurden die physikalischen Einflüsse auf die Arbeitsgenauigkeit diskutiert.

Diese können durch sinnvolle Anwendung eines von Lange [13] u. a. gegebenen Systems zur Behandlung umformtechnischer Probleme dargestellt und verfolgt werden.

Dabei ergab sich, daß die verschiedenen Fehlerarten an kaltumgeformten Werkstücken jeweils im wesentlichen von einer einzigen Einflußgröße bestimmt werden. Sie werden dadurch auch rechnerisch verfolgbar.

So werden die freien Überläufe und deren Längenschwankung an kaltumgeformten Werkstücken vom Rohteilmasseüberschuß und den her-

stellbedingten Schwankungen der Rohteilmasse bestimmt. Werkzeuggebundene und maschinengebundene Maße und Formen werden von schwankenden Rohteilvolumina nicht berührt. Eine genaue Rohteilvolumenbe-
stimmung und -einhaltung, verbunden mit einem Rohteilherstellverfah-
ren mit kleinen Volumenschwankungen ist hier vorteilhaft.

Schwankungen der Umformkraft, die ihrerseits von Fließspannungsschwankungen und Reibwertschwankungen verursacht werden, stellen
die maßgebliche Einflußgröße auf maschinengebundene Maße, wie Bodendicken und Flanschdicken dar. Dabei sind Fließspannungsschwankungen stärker wirksam als Reibwertschwankungen. Die letzteren sind
vor allem beim Stauchen sehr flacher Werkstücke und für Bodendicken
beim Napffließpressen mit kleinem ε_A von gewisser Bedeutung.
Daraus folgt, daß sorgfältige Warmbehandlung der Vorformen, günstige Schmierverhältnisse und ein steifer gedrungener Werkzeugaufbau
diesen Maßfehler in Grenzen halten lassen.

Die Untersuchung radialer Werkzeugfederungen hat ergeben, daß
primär Werkstückabmessungen erzeugt werden, die mit den momen-
tan vorhandenen Werkzeugabmessungen korrespondieren. Daraus ergibt sich, daß bei Verfahren, die während des Umformvorganges mit abnehmender Druckraumhöhe arbeiten, die auftretenden Zylindrizitätsfehler von der über den Vorgang nicht konstanten Matrizenauffederung
bestimmt werden. Die beobachtbaren Maßfehler können aber nicht allein mit den Werkzeugfederungsschwankungen in radialer Richtung in
Zusammenhang gebracht werden.

Es konnte auch gezeigt werden, daß die Zylindrizitätsfehler an dünnwandigen Hohlwerkstücken durch Werkstückrückfederungen und den
sich einstellenden Eigenspannungszustand maßgeblich verursacht
werden.

Es ergab sich ferner, daß bei Verfahrensbeginn ein bedeutender Formfehler an ungeformten Schäften durch Nachverformungen bereits gebil-

deter Werkstückzonen nach Durchtritt durch den formgebenden Werkzeugdurchmesser bestimmt wird.

Die Untersuchung der bei der Umformung auftretenden Werkstück- und Werkzeugtemperaturen ergab, daß Zylindrizitätsfehler davon nicht berührt werden, daß aber der größte Teil der zu beobachtenden Maßfehler werkzeuggebundener Maße durch die sich einstellenden Werkstücktemperaturen, deren Schwankungen und den daraus folgenden Schwindungen sowie aus den thermisch bedingten Matrizenmaßveränderungen bedingt ist.

Für die Herstellung hochgenauer Zylinderdurchmesser folgt daraus, daß vor allem für den eine Umformfolge abschließenden Arbeitsgang solche Umformverfahren anzuwenden sind, die mit konstanter Druckraumhöhe arbeiten (Abstreckgleitziehen, Reduzieren) und daß mit Hilfe von Werkzeugvorwärmung bzw. -temperaturbeeinflussung durchmessergenaue Werkstücke erzeugt werden können. Auf diese Weise kann erwartet werden, daß Maßfehler abhängig vom Umformgrad, in Größenordnung 0, 25 ‰ bis 0, 6 ‰ des Nenndurchmessers zu erreichen sind. Die Zuordnung dieser Fehlergröße zu den Grundtoleranzen der ISO-Qualitäten ergibt, daß es z. B. im Bereich von 18 bis 120 mm Werkstückdurchmesser bei Stahlwerkstücken möglich ist, in Qualität 4 bis 9 zu fertigen. Man erreicht damit beim Kaltmassivumformen Qualitäten, die für wichtige Funktionsflächen keiner spanenden Nacharbeit mehr bedürfen.

Die rechnerische Verfolgung des Temperatureinflusses auf Kupfer- und Aluminiumwerkstücke ließ erkennen, daß im Bereich der Umformgrade, wie sie für Stahlwerkstücke üblich sind,

- ohne Werkzeugvorwärmung größere Maßfehler als bei Stahlwerkstücken erwartet werden müssen,

- mit Werkzeugvorwärmung die Maßfehler an Kupferwerkstücken etwa so groß wie diejenigen bei Stahlwerkstücken sind, während Al-Werkstücke unter dieser Bedingung genauer ausfallen,

- Kupfer- und Aluminiumwerkstücke wegen der größeren möglichen Umformgrade in Werkzeug-Grenzbelastungsfällen - wegen des Überwiegens thermischer Einflüsse auf Maßfehler - erheblich größere Maßfehler als Stahlwerkstücke aufweisen können.

Bildteil

Tabellen

Anhang

Schrifttum

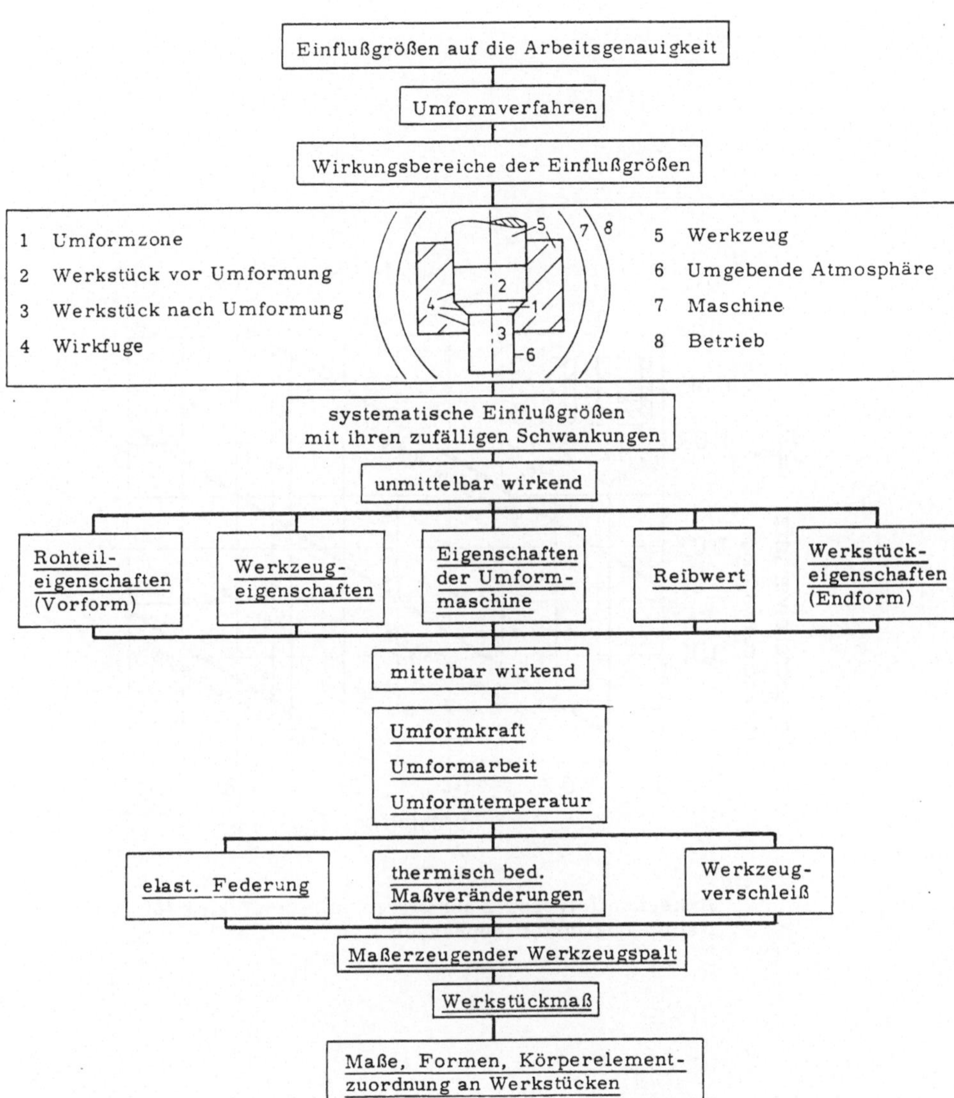

Einflußgrößen und Zielgrößen mit natürlichen Schwankungen sind unterstrichen.

Bild 1: Einflußgrößen auf die Arbeitsgenauigkeit

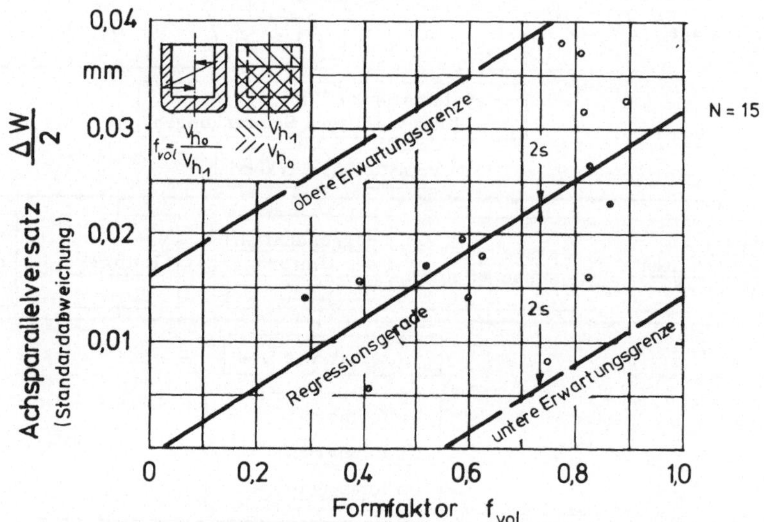

Bild 2: Achsparallelversatz abhängig vom Formfaktor für das
Napf-Rückwärtsfließpressen

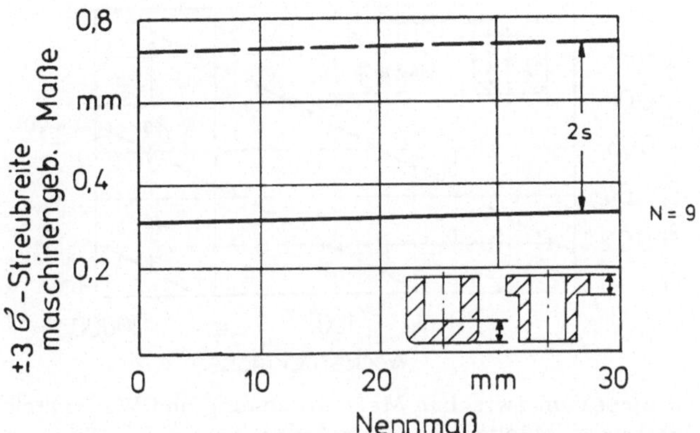

Bild 3: Regression zwischen Maßschwankung und Nennmaß für
Stahlwerkstücke (Boden- bzw. Flanschdicke)

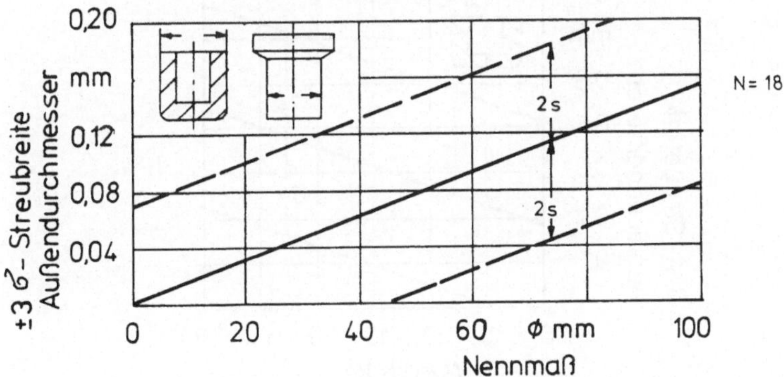

Bild 4: Regression zwischen Maßschwankung und Nennmaß für
Stahlwerkstücke   (Außendurchmesser)

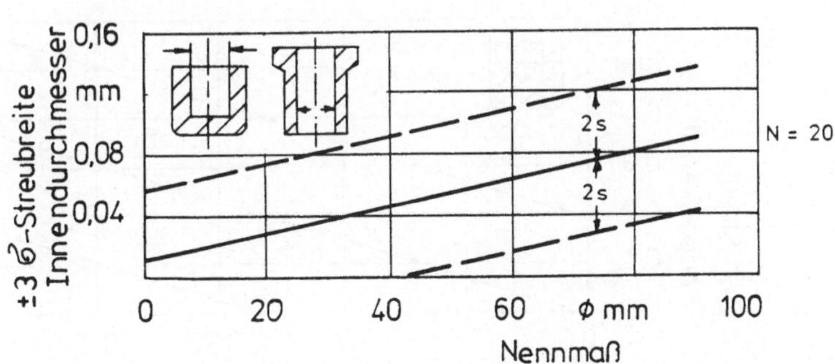

Bild 5: Regression zwischen Maßschwankung und Nennmaß für
Stahlwerkstücke (Innendurchmesser)

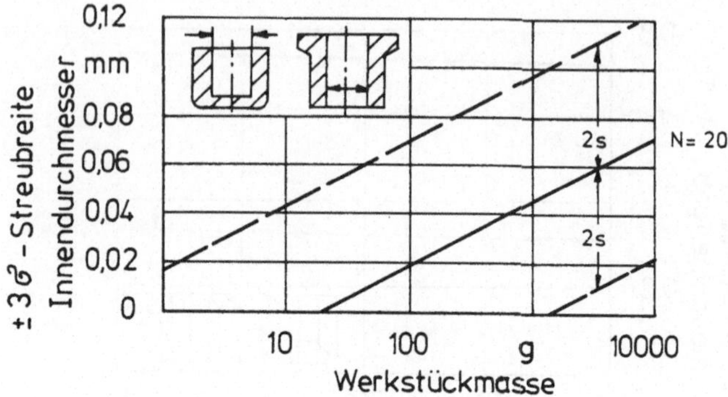

Bild 6: Regression zwischen Maßschwankung und Werkstückmasse für Stahlwerkstücke (Innendurchmesser)

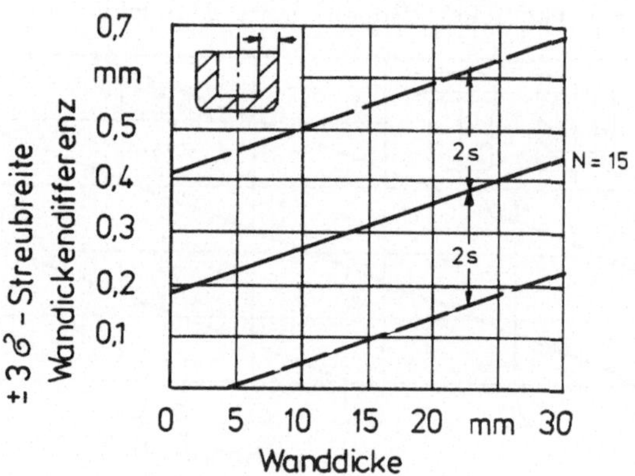

Bild 7: Regression zwischen Wanddickendifferenz und Wanddicke für Stahlwerkstücke

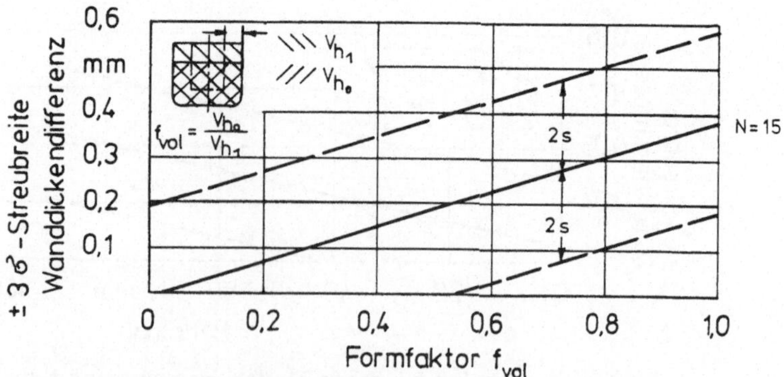

Bild 8: Regression zwischen Wanddickendifferenz und Formfaktor für Stahlwerkstücke

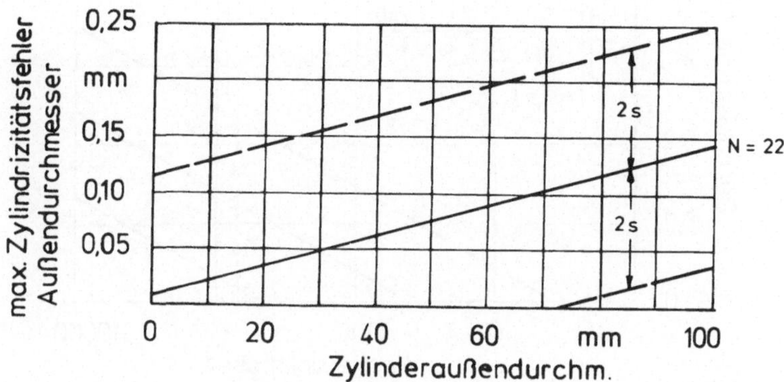

Bild 9: Regression zwischen Formfehler und Nennmaß für Stahlwerkstücke (Zylindrizität von Außendurchmessern)

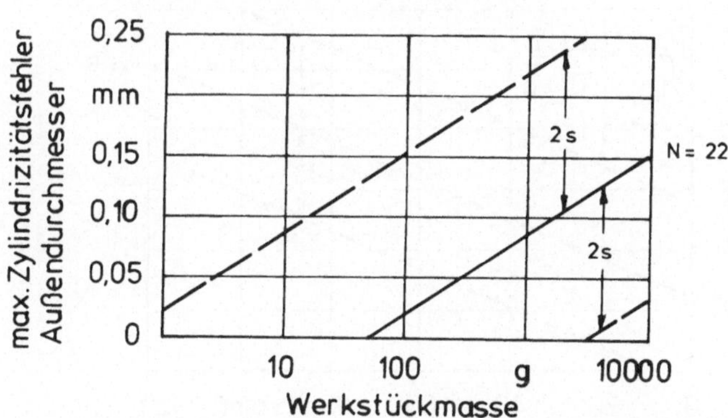

Bild 10: Regression zwischen Formfehler und Werkstückmasse für Stahlwerkstücke (Zylindrizität von Außendurchmessern)

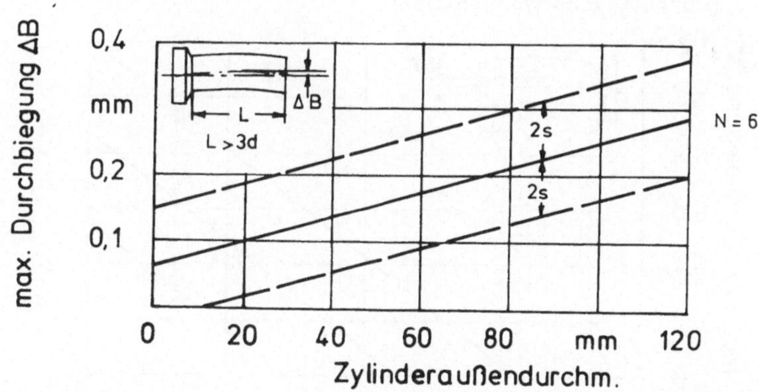

Bild 11: Regression zwischen Formfehler und Nennmaß für Stahlwerkstücke (Durchbiegung von Schäften)

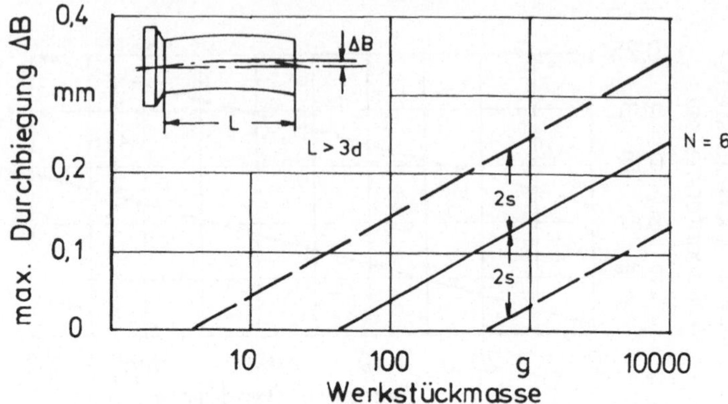

Bild 12: Regression zwischen Formfehler und Werkstückmasse für Stahlwerkstücke (Durchbiegung von Schäften)

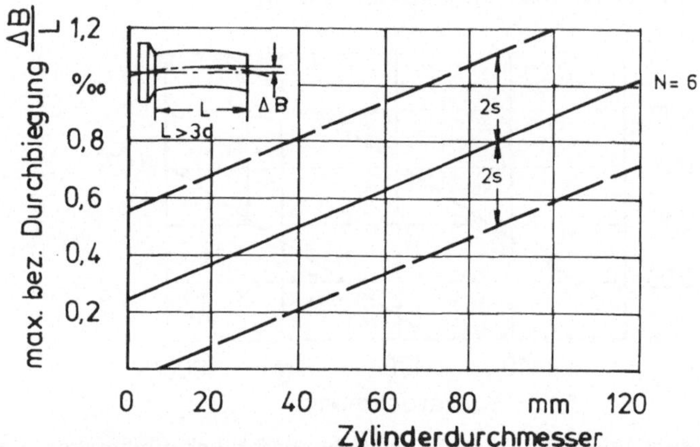

Bild 13: Regression zwischen Formfehler und Nennmaß für Stahlwerkstücke (Durchbiegung von Schäften)

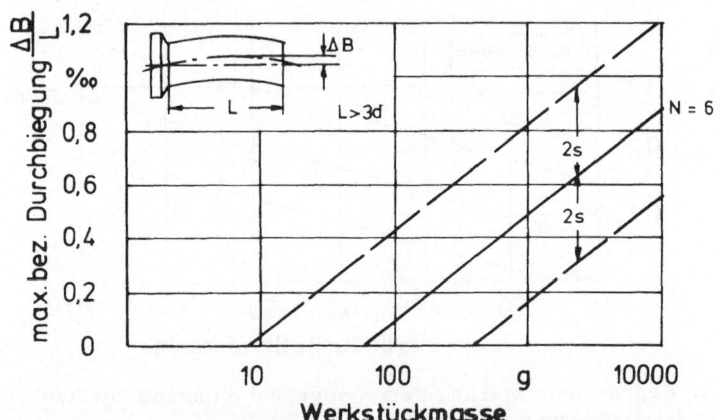

Bild 14: Regression zwischen Formfehler und Werkstückmasse für Stahlwerkstücke (Durchbiegung von Schäften)

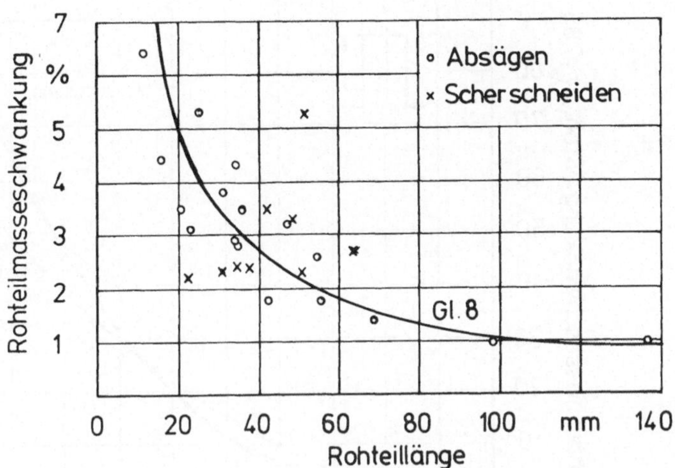

Bild 15: $\pm$ 3 σ - Streuergebnisse für Rohteilmasseschwankung

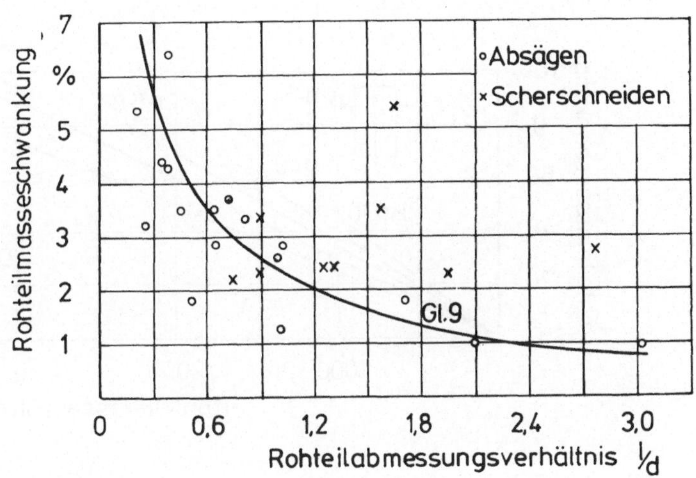

Bild 16: $\pm$ 3 σ - Streuergebnisse für Rohteilmasseschwankung

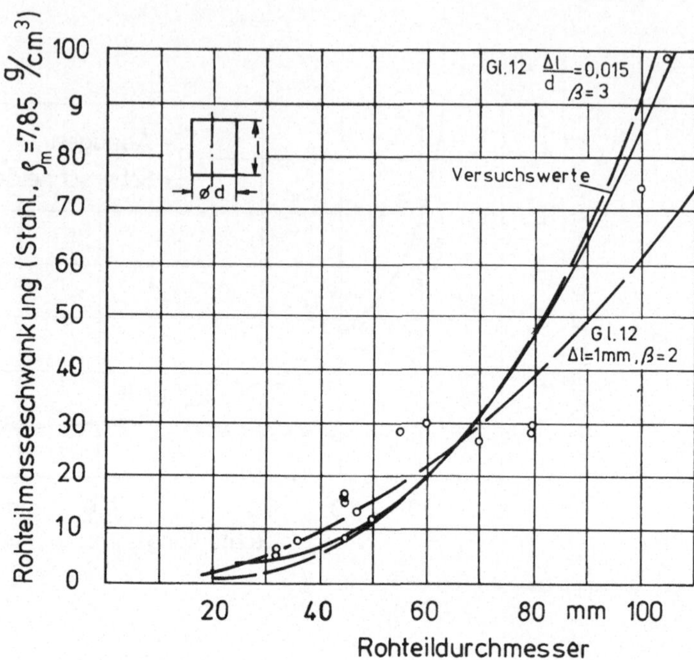

Bild 17: ± 3 σ - Streuergebnisse für Rohteilmasseschwankung (Stahlwerkstücke)

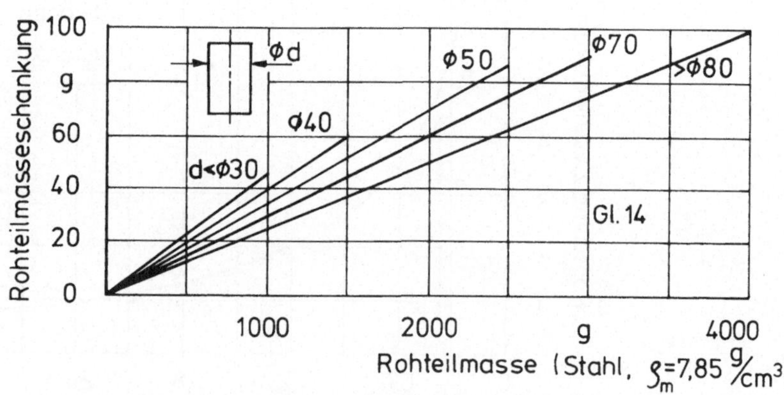

Bild 18: Rohteilmasseschwankung (Stahlwerkstücke) schergeschnitte- ner Werkstücke (halbe Stabtoleranzen nach DIN 1013)

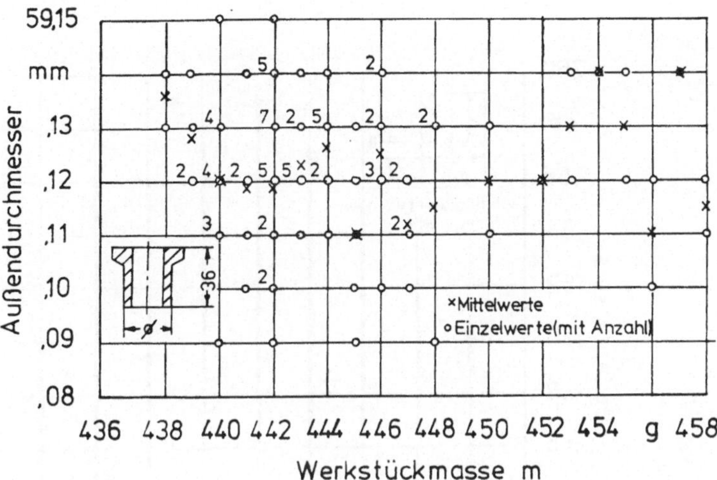

Bild 19: "Einflußnahme" der Werkstückmasseschwankung auf den Werkstückaußendurchmesser

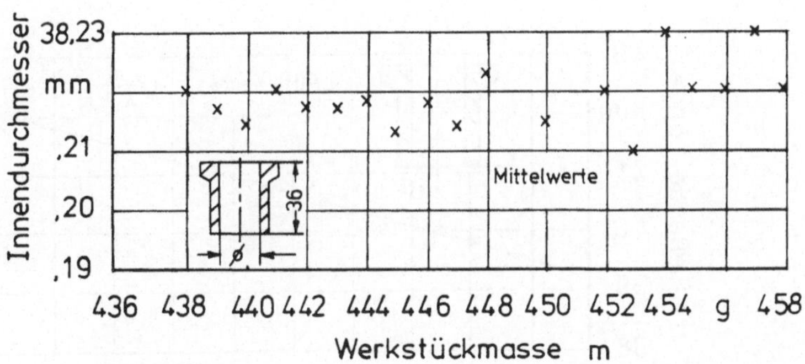

Bild 20: "Einflußnahme" der Werkstückmasseschwankung auf den Werkstückinnendurchmesser

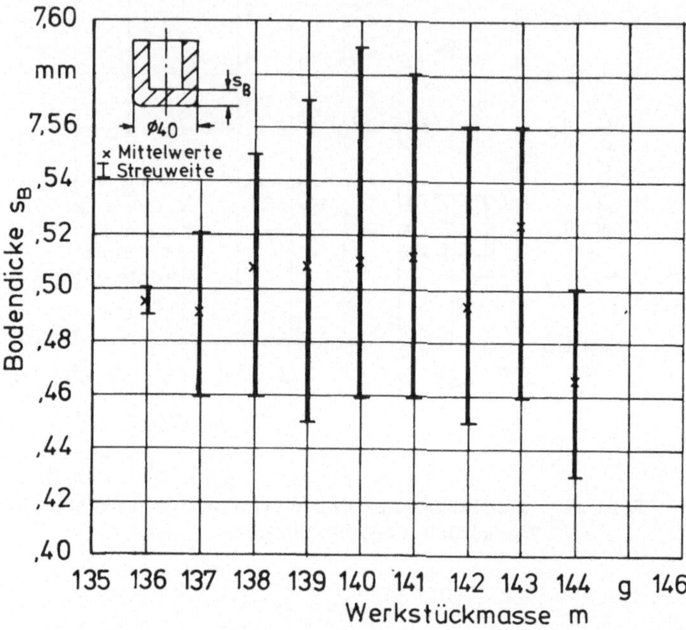

Bild 21: "Einflußnahme" der Werkstückmasseschwankung auf ein maschinengebundenes Maß (Bodendicken)

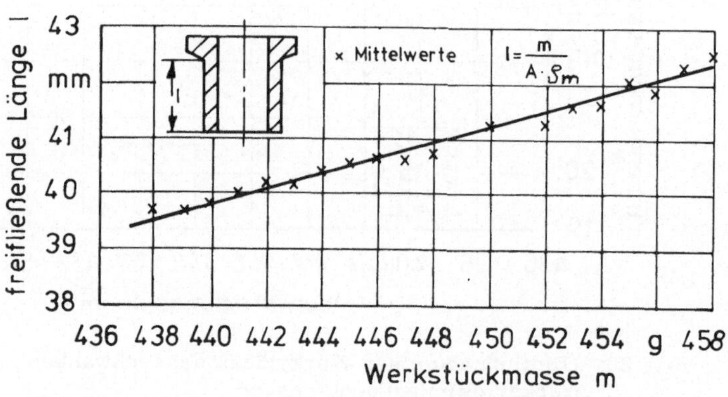

Bild 22: Abhängigkeit einer freifließenden Werkstücklänge von der Werkstückmasse

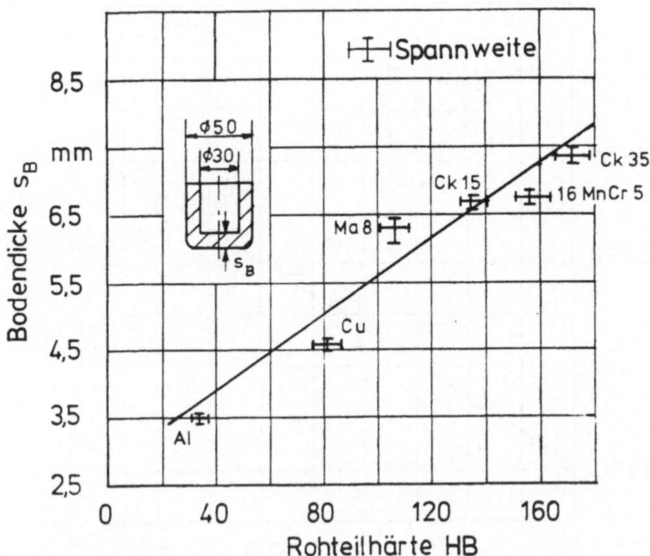

Bild 23: Abhängigkeit eines maschinengebundenen Maßes (Bodendicke) von der Härte des Rohteiles

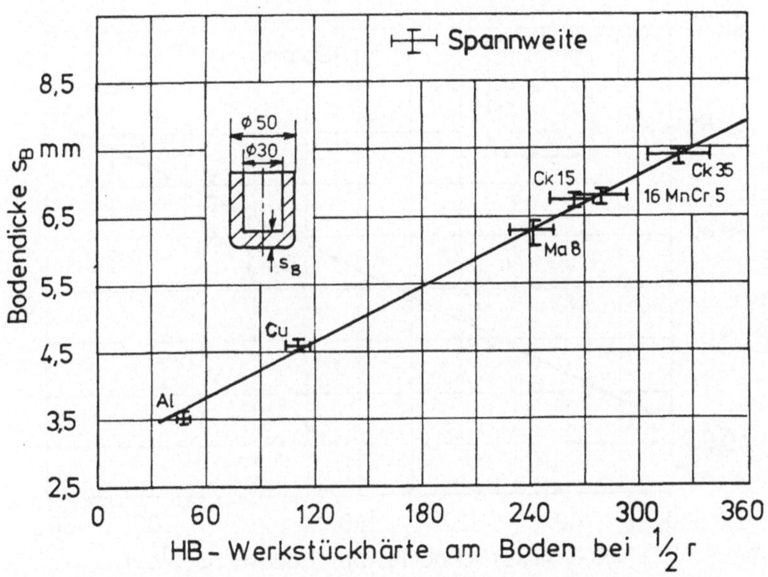

Bild 24: Abhängigkeit eines maschinengebundenen Maßes (Bodendicke) von der Härte des fertigen Werkstückes

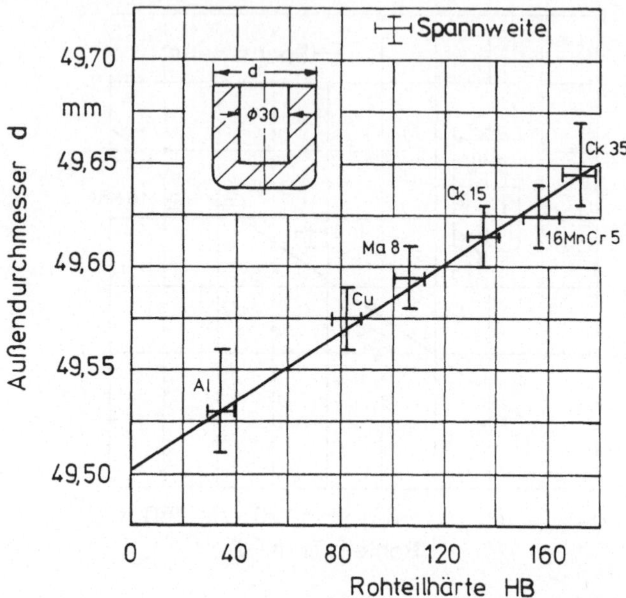

Bild 25: Abhängigkeit des Werkstückaußendurchmessers von der Härte des Rohteiles

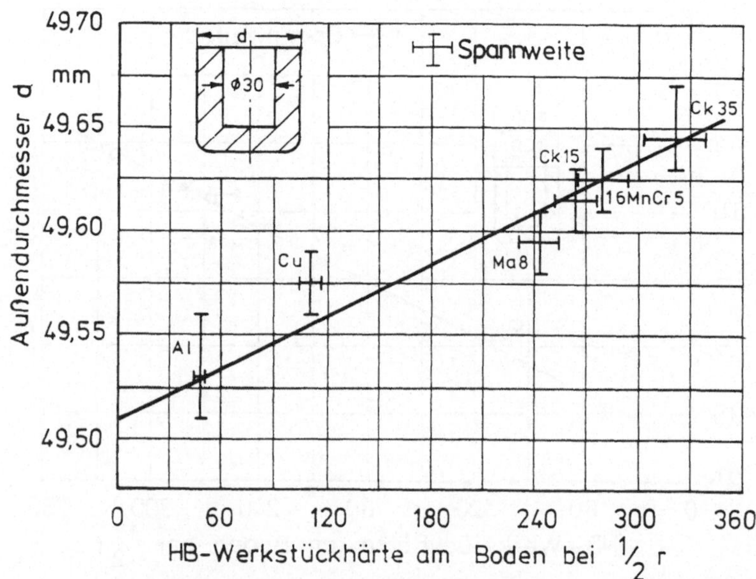

Bild 26: Abhängigkeit des Werkstückaußendurchmessers von der Härte des fertigen Werkstückes

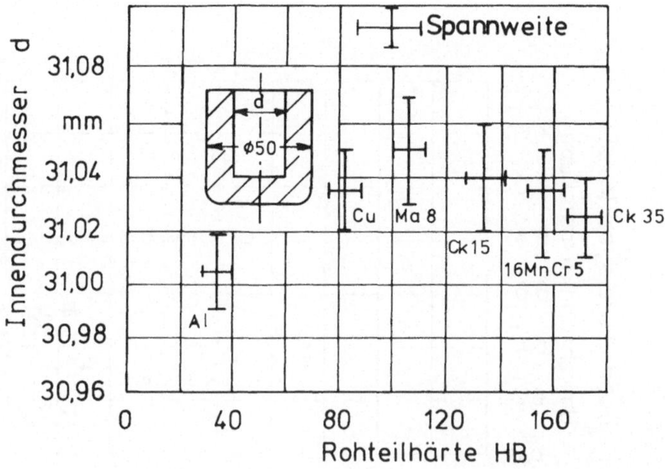

Bild 27: Abhängigkeit des Werkstückinnendurchmessers von der Härte des Rohteiles

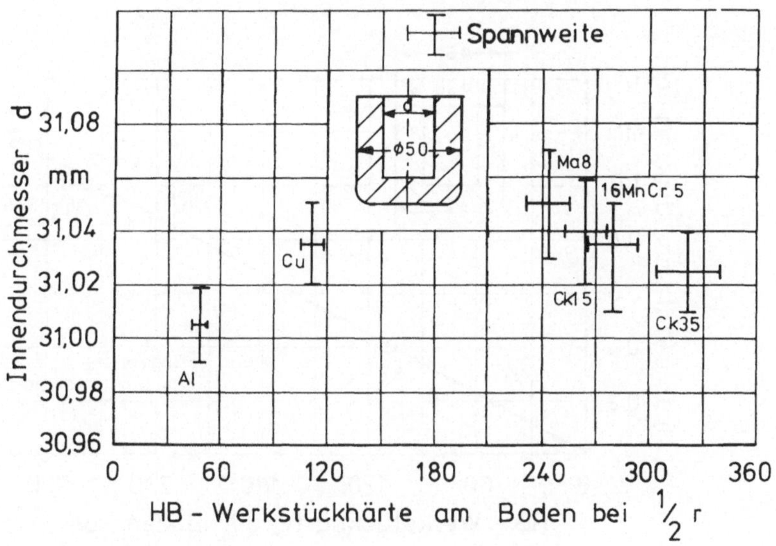

Bild 28: Abhängigkeit des Werkstückinnendurchmessers von der Härte des fertigen Werkstückes

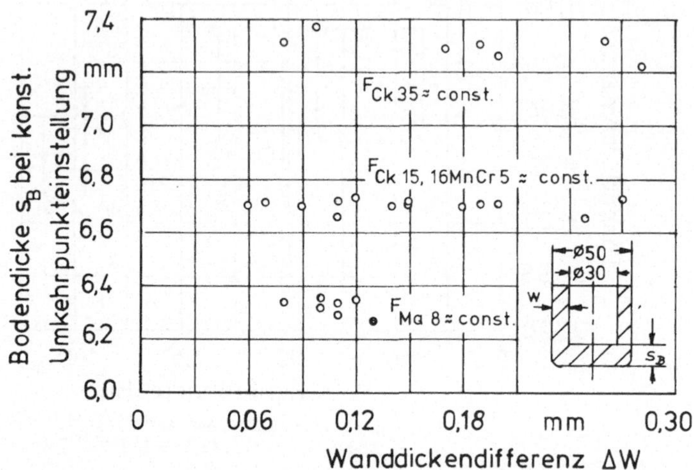

Bild 29: Beleg der Nichteinflußnahme der Exzentrizität von Ober-
zu Unterwerkzeug auf das erreichte Maß der Bodendicke

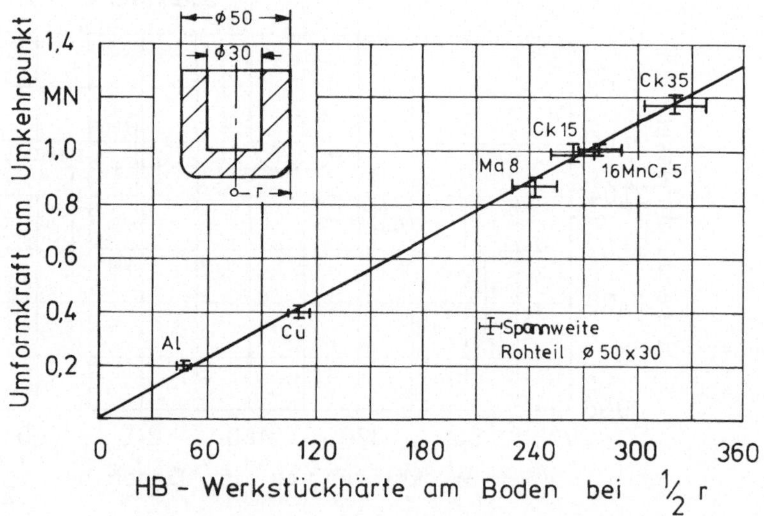

Bild 30: Zusammenhang zwischen Umformkraft und Härte des fertigen Werkstückes

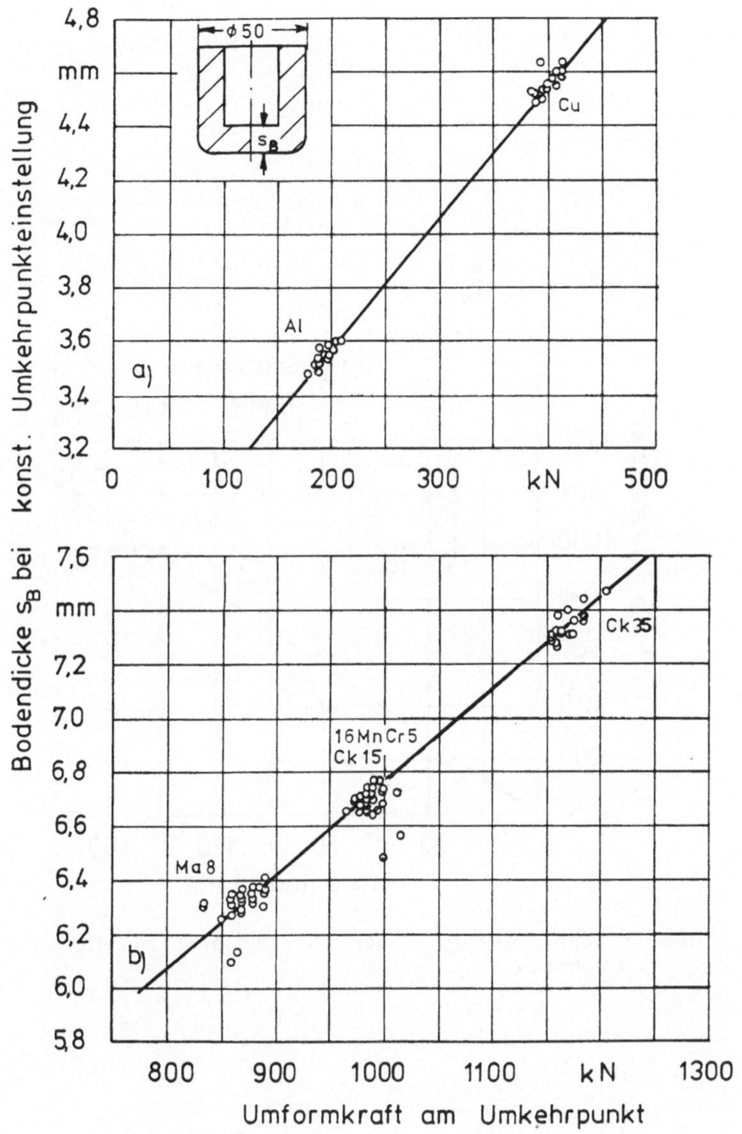

Bild 31: Zusammenhang zwischen maschinengebundenem Maß und
Umformkraft
a) Werkstückstoffe Al, ECu
b) Werkstückstoffe Ma8, 16Mn Cr 5, Ck 15, Ck 35

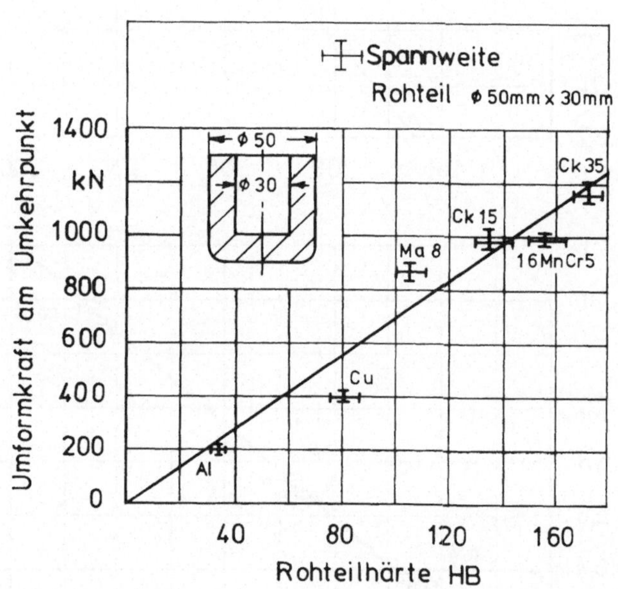

Bild 32: Zusammenhang zwischen Umformkraft und Härte des Rohteils

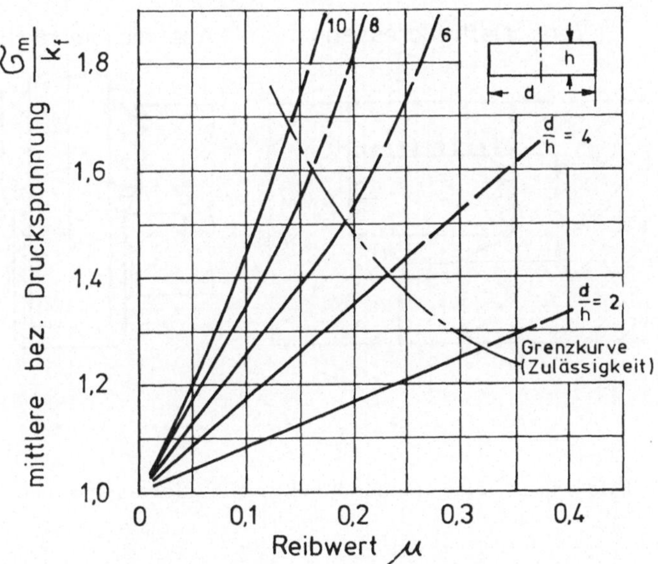

Bild 33: Mittlere bezogene Druckspannung beim Stauchen nach [31]

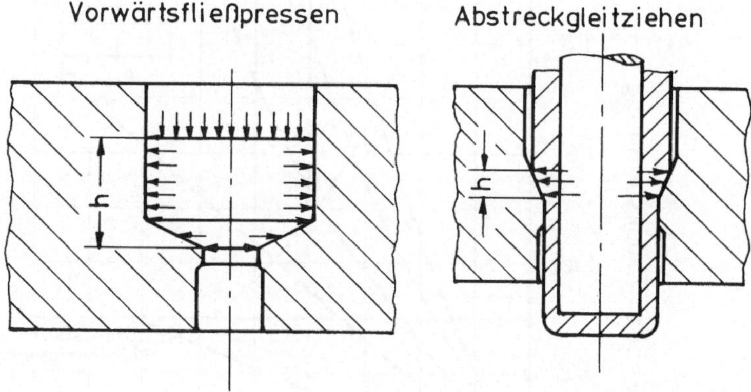

Bild 34: Druckraumhöhe h bei zwei Umformverfahren

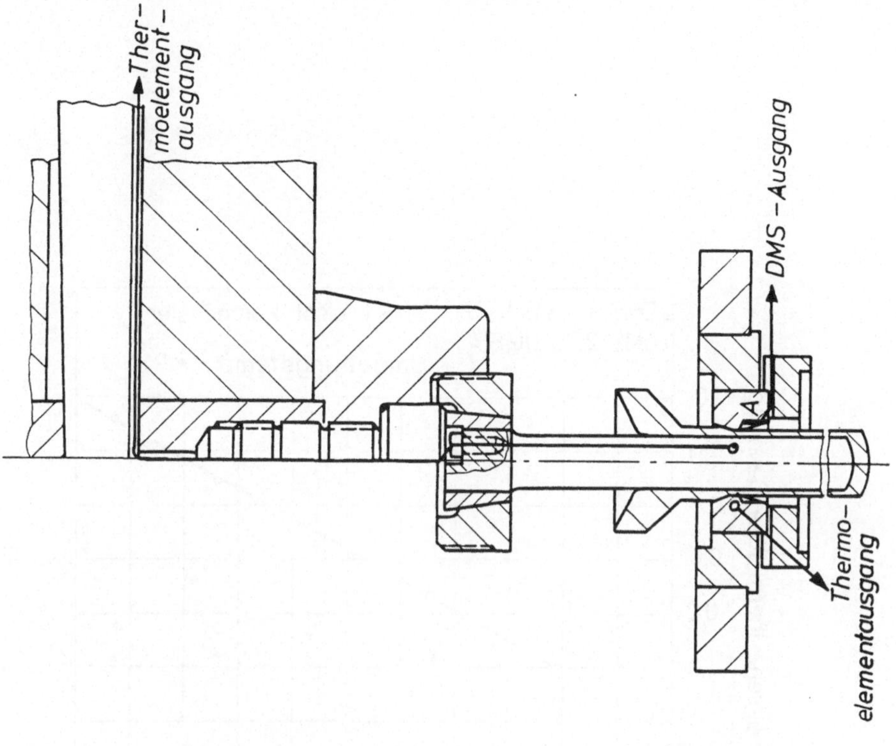

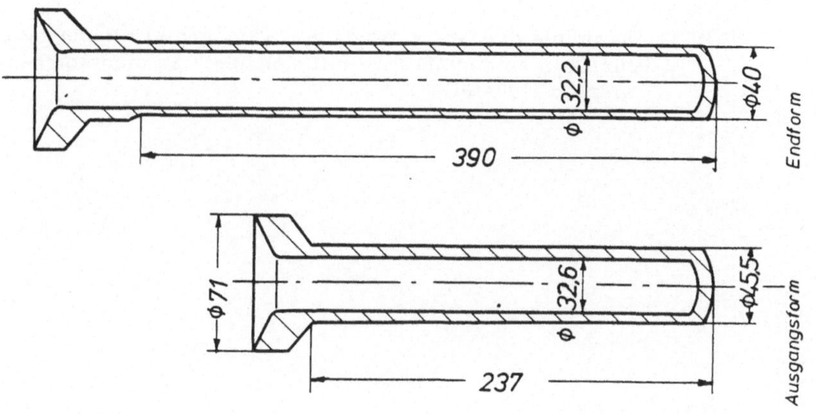

Bild 36: Werkzeugaufbau mit Meßstellen für Untersuchungen beim Abstreckgleitziehen

Bild 35: Kaltfließgepreßte Ausgangsform und abstreckgleitgezogene Endform

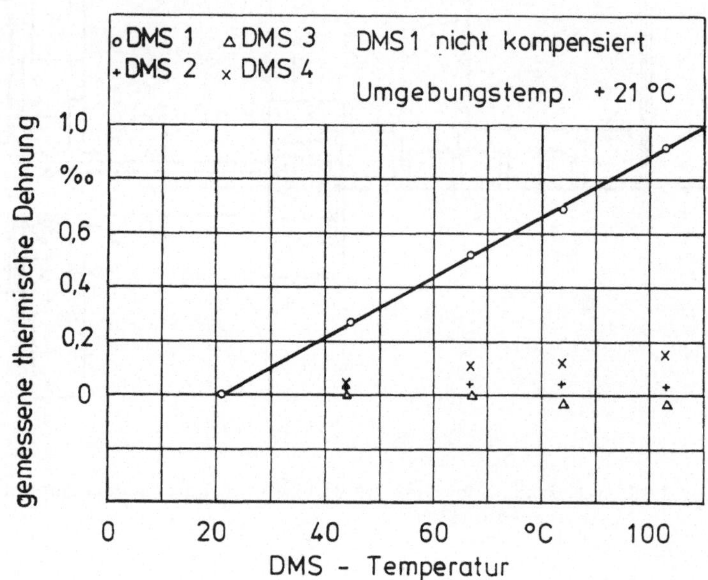

Bild 37: Ergebnis der Nachprüfung der Temperaturkompensation
für DMS an der Matrize mit Vergleich zu nichtkompen-
sierter Meßstelle

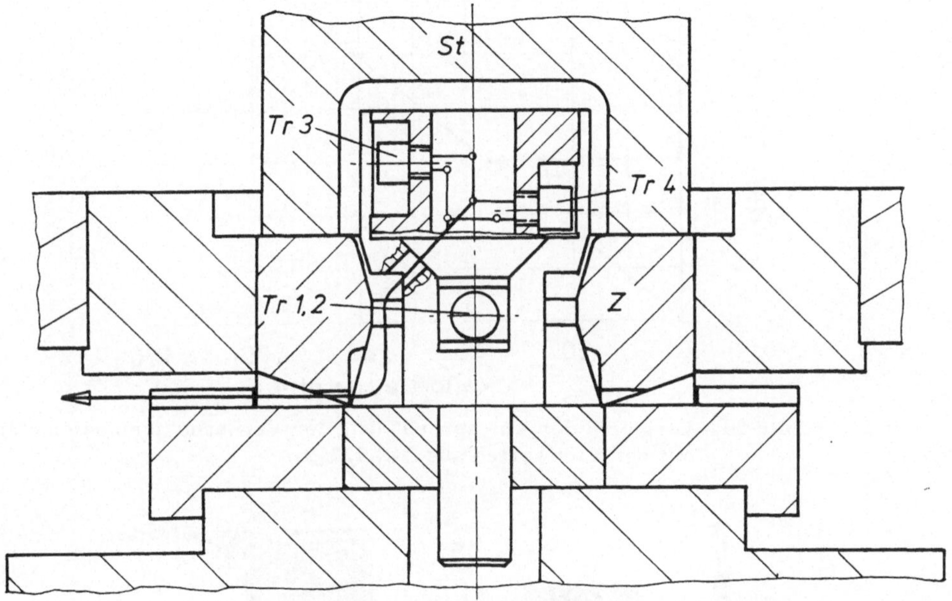

Bild 38: Meßaufbau zur Ermittlung der Matrizendurchmesserver-
änderung unter axialer Belastung

St = Stempel, Tr = Induktiver Geber, Z = Ziehring

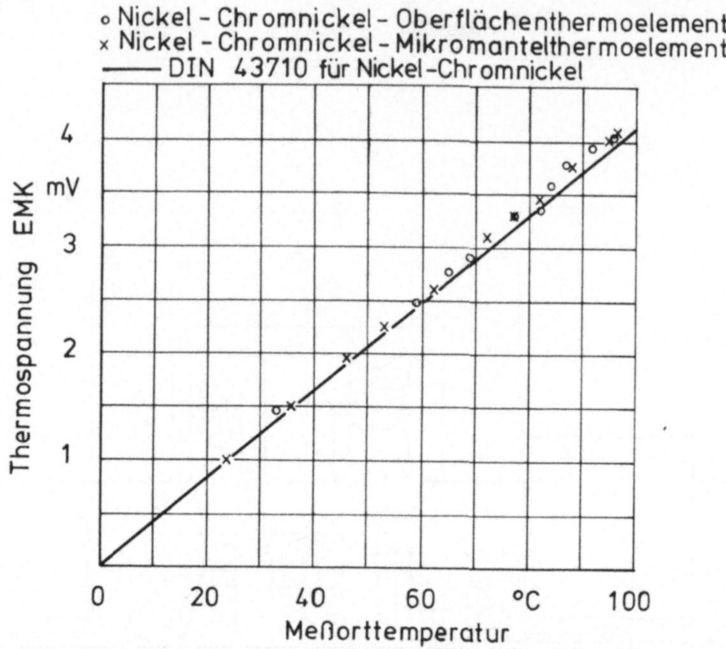

Bild 39: Vergleich der Thermospannung der Versuchsthermoelemente
mit den Eichwerten aus DIN 43710

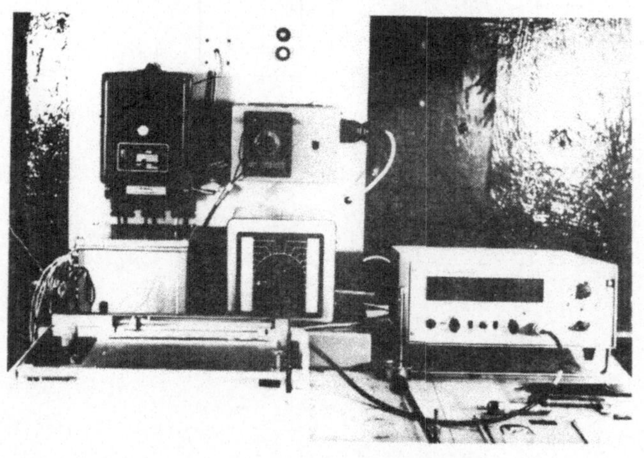

Bild 40: Geräteaufbau für Temperaturmessung

Bild 41: Meßaufbau für Werkzeugkonturmessung

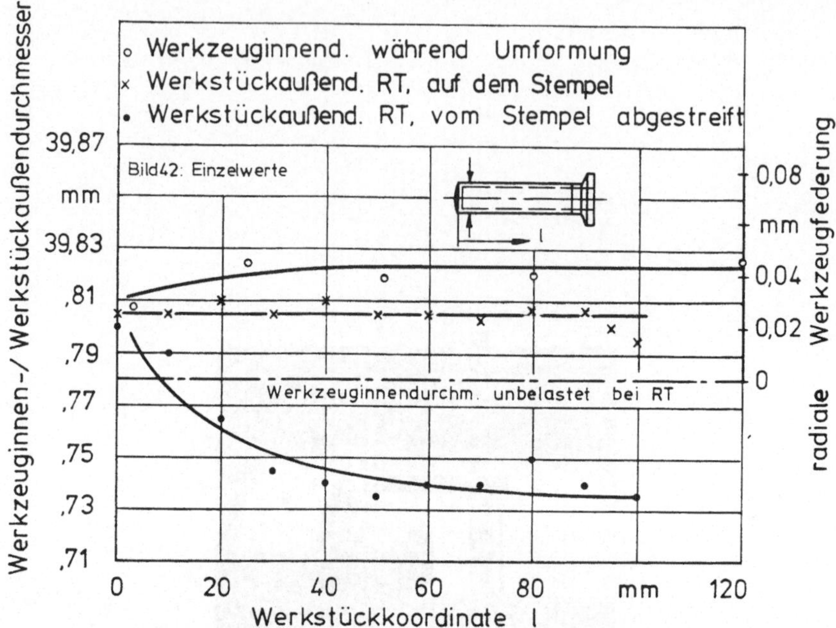

Bild 42: Radiale Werkzeugfederung und Werkstückdurchmesserverlauf
während und nach der Umformung (Abstreckgleitziehen)

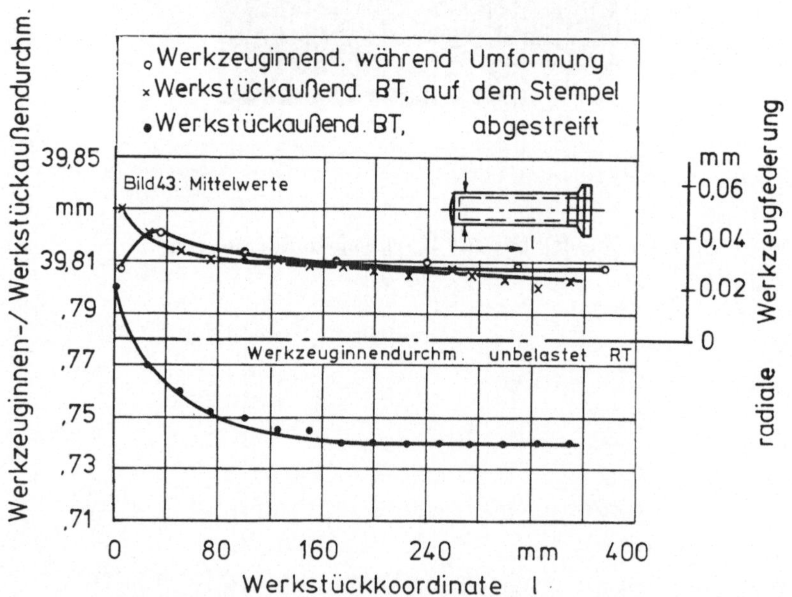

Bild 43: Radiale Werkzeugfederung und Werkstückdurchmesserverlauf
während und nach der Umformung (Abstreckgleitziehen)

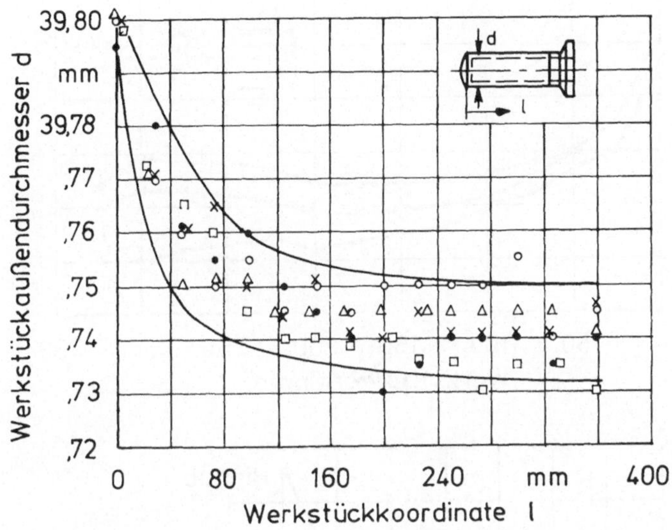

Bild 44: Werkstückdurchmesserverlauf (Streubereich) fünf nacheinander
umgeformter Werkstücke (Abstreckgleitziehen)

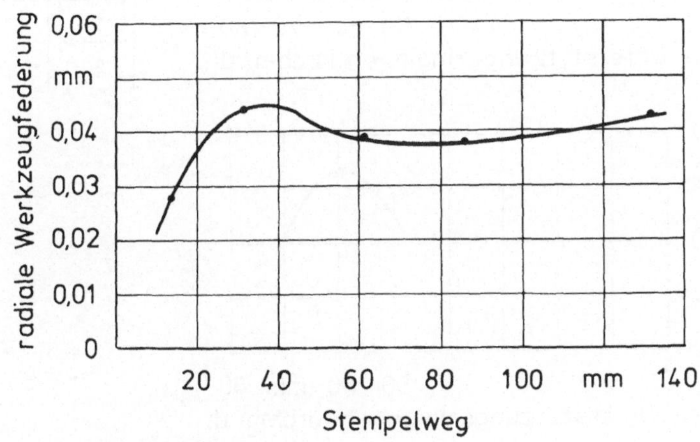

Bild 45: Meßanzeige für radiale Matrizenfederung am maßbildenden
Düsendurchmesser während des Hinhubes beim Abstreckgleitziehen (temperaturkompensierter Dehn-Meßstreifen)

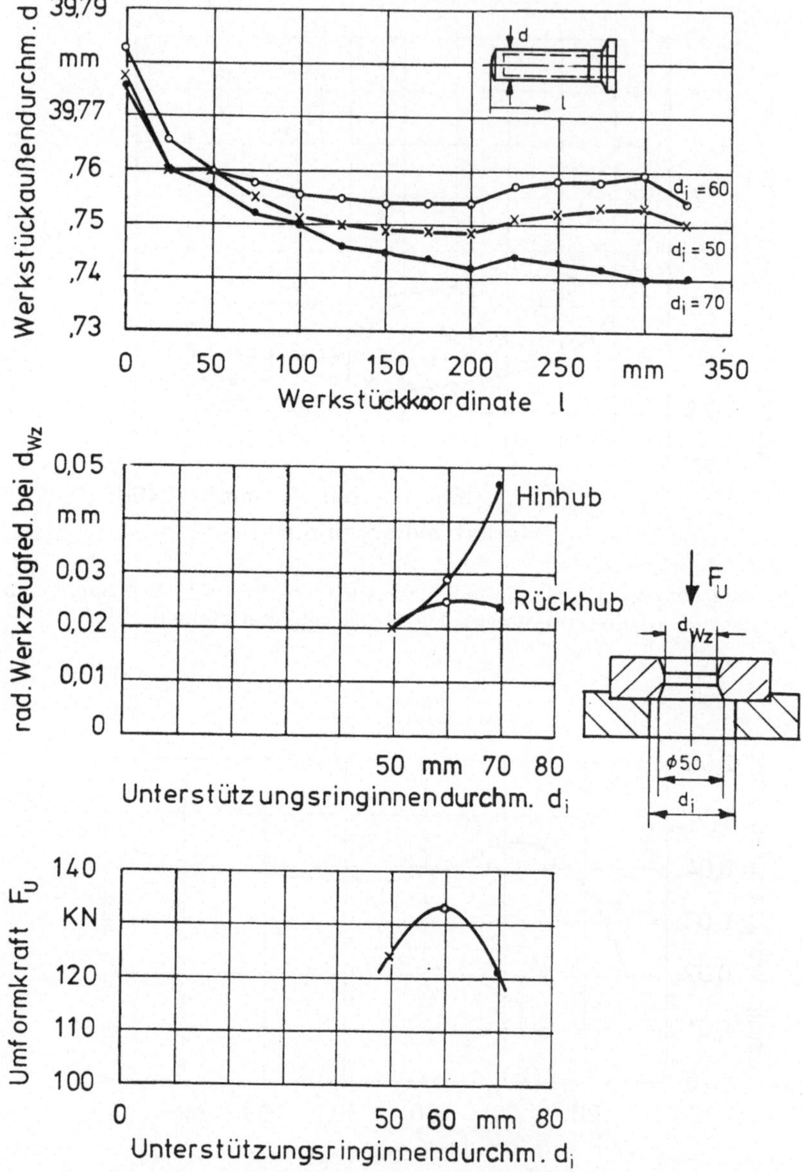

Bild 46: Werkstückaußendurchmesserverlauf, radiale Matrizenfederung und Umformkraft in Abhängigkeit von der Matrizenunterstützung (Abstreckgleitziehen) (Mittelwerte aus je 7 Messungen)

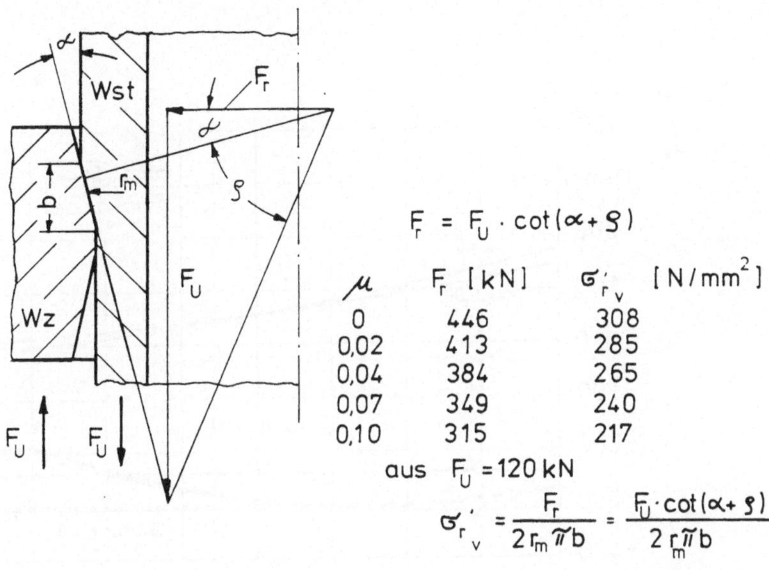

$$F_r = F_U \cdot \cot(\alpha + \varrho)$$

μ	F_r [kN]	σ'_{r_v} [N/mm^2]
0	446	308
0,02	413	285
0,04	384	265
0,07	349	240
0,10	315	217

aus $F_U = 120$ kN

$$\sigma'_{r_v} = \frac{F_r}{2 r_m \tilde{\pi} b} = \frac{F_U \cdot \cot(\alpha + \varrho)}{2 r_m \tilde{\pi} b}$$

Bild 47: Kräfte beim Abstreckgleitziehen und Innenwandvergleichsspannung σ'_{r_v} an der Matrize

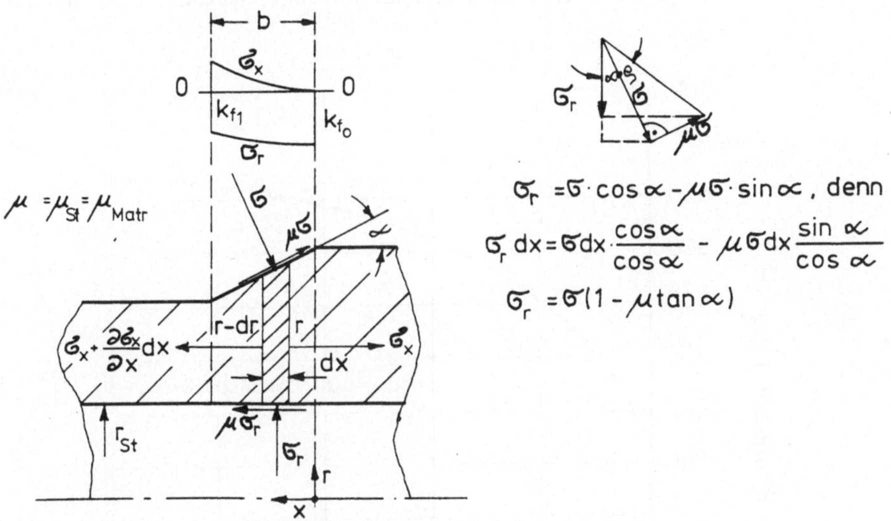

$$\mu = \mu_{St} = \mu_{Matr}$$

$$\sigma_r = \sigma \cdot \cos\alpha - \mu\sigma \cdot \sin\alpha \text{, denn}$$

$$\sigma_r \, dx = \sigma \, dx \cdot \frac{\cos\alpha}{\cos\alpha} - \mu\sigma \, dx \frac{\sin\alpha}{\cos\alpha}$$

$$\sigma_r = \sigma(1 - \mu \tan\alpha)$$

Bild 48: Kraftangriff am Werkstückelement (Abstreckgleitziehen)

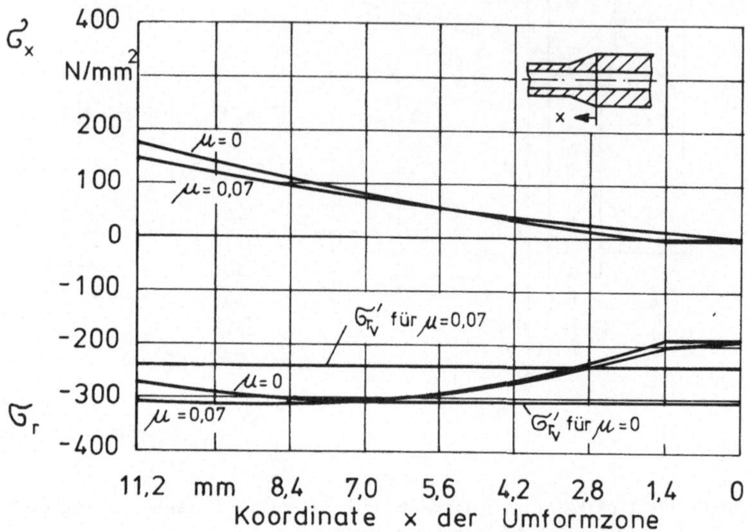

Bild 49: Verlauf der beiden Spannungen σ_x und σ_r längs der Umformzone (elementares Modell, ohne Berücksichtigung der Schiebung)

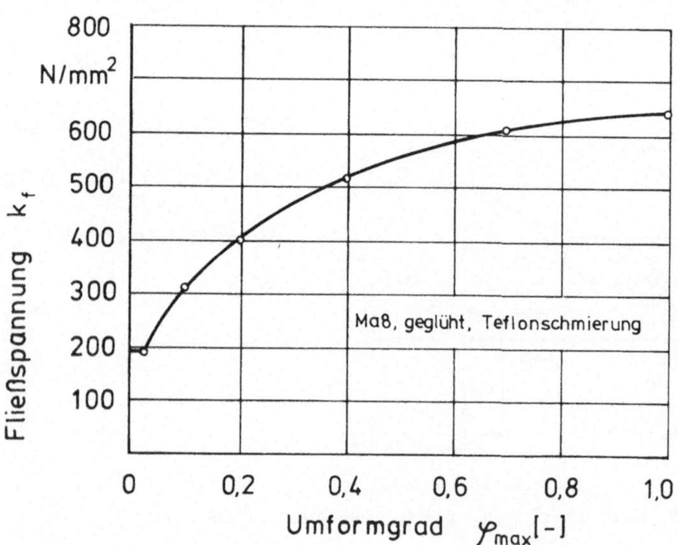

Bild 50: Fließkurve des Versuchwerkstoffes Ma 8

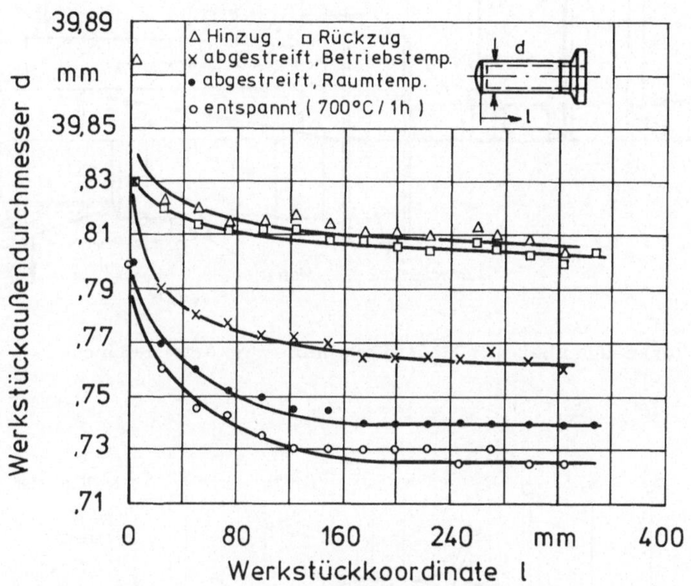

Bild 51: Entwicklung der Werkstückabmessung aus den einzelnen Phasen
des Herstellganges (Beispiel Abstreckgleitziehen)

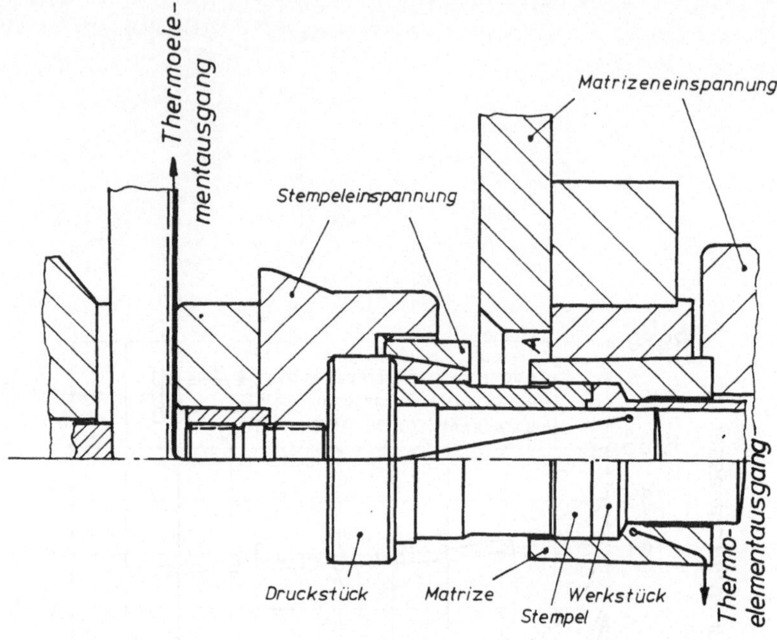

Bild 52: Werkzeugaufbau mit Meßstellen beim Vorwärtsfließpressen

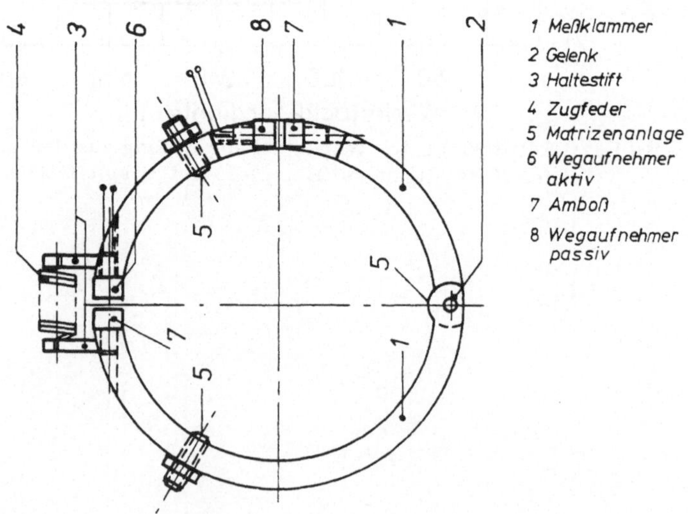

Bild 53: Meßklammer für radiale Matrizenfederungsmessung beim
Voll Vorwärtsfließpressen

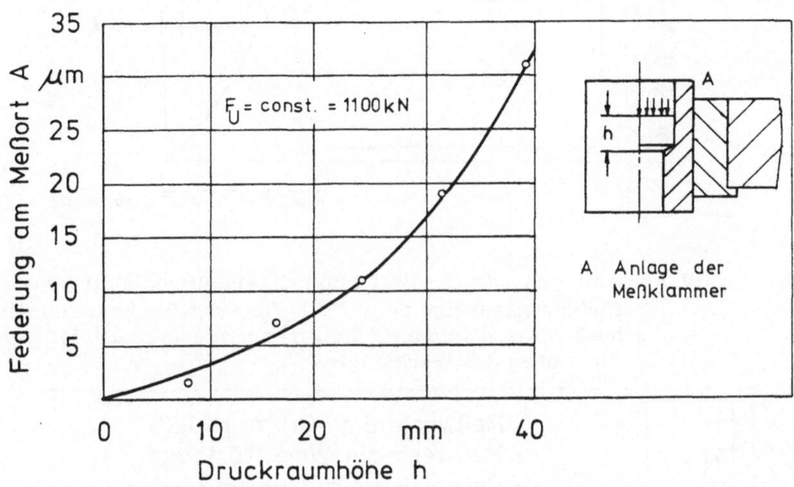

Bild 54: Einfluß der Druckraumhöhe auf das Meßergebnis für die radiale Matrizenfederung

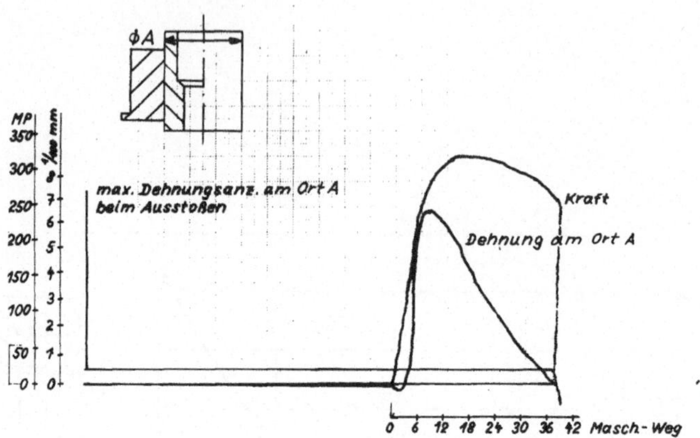

Bild 55: Aufzeichnung von Umformkraftverlauf und Matrizen-
Federungsanzeige beim Voll-Vorwärtsfließpressen (Hin-
hub) sowie maximaler Matrizen-Federungsanzeige beim
Ausstoßen des Werkstückes

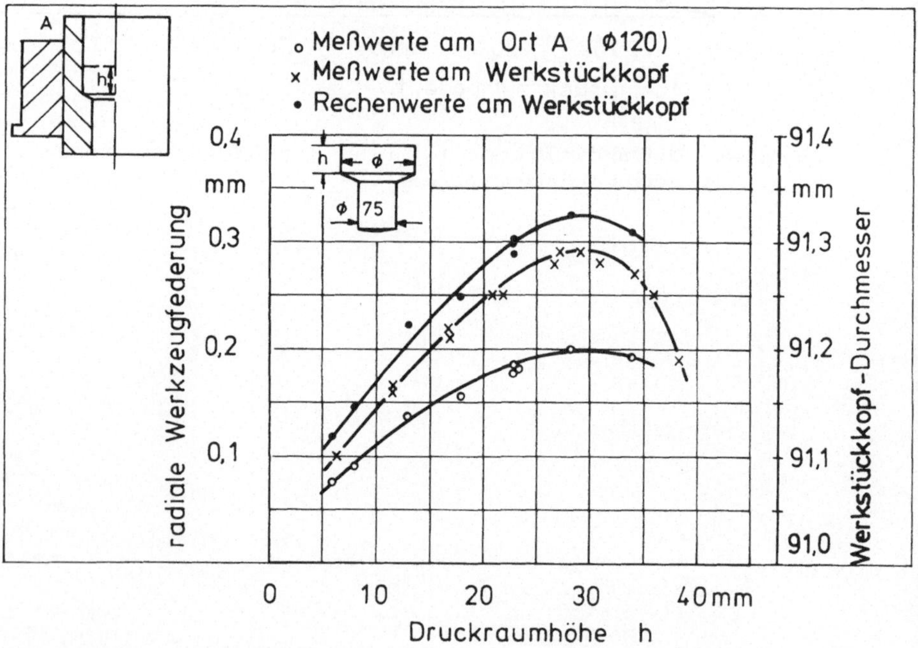

Bild 56: Radiale Matrizenfederung und Fließpreßkopfdurchmesser in
Abhängigkeit von der Druckraumhöhe h

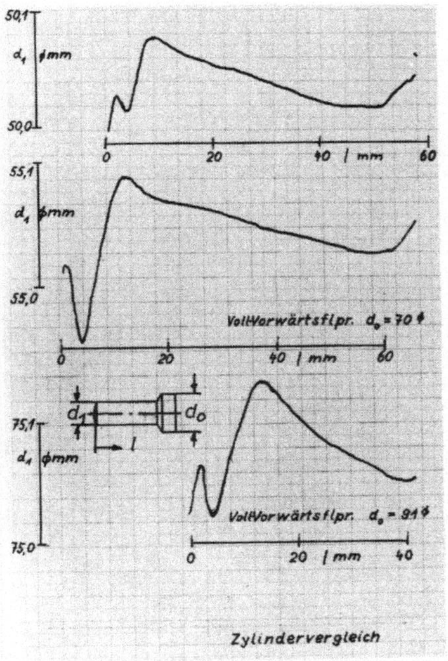

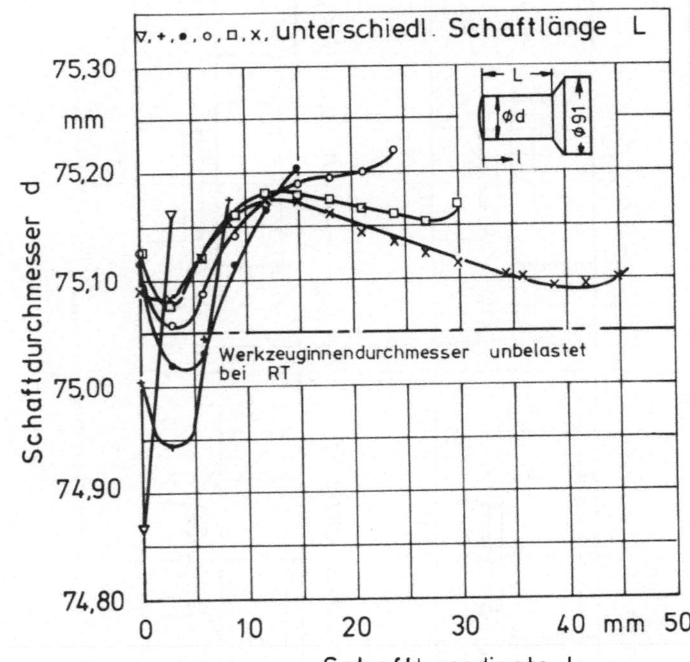

Bild 58:

Aufzeichnung des Schaftdurchmesserverlaufes über der Schaftlänge (Voll-Vorwärtsfließpressen)

Bild 57:

Durchmesserverlauf von Schäften unterschiedlicher Länge in Vergleich zum Matrizeninnendurchmesser (Voll-Vorwärtsfließpressen)

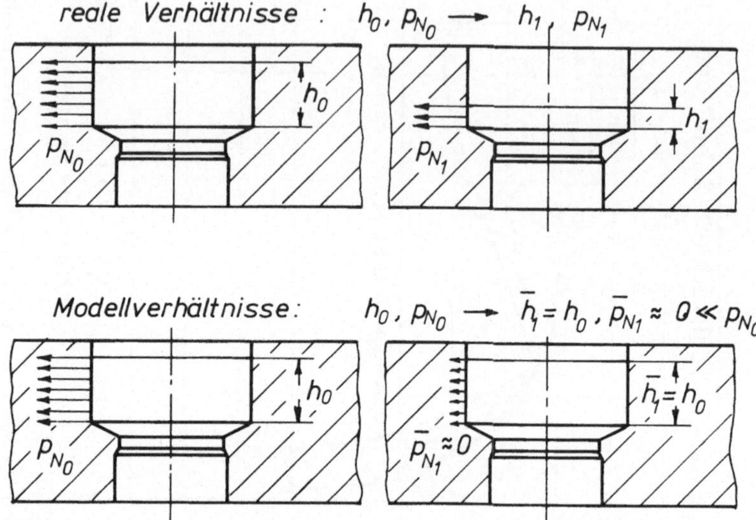

Bild 59: Radiale Matrizenbeanspruchung im Aufnehmerteil

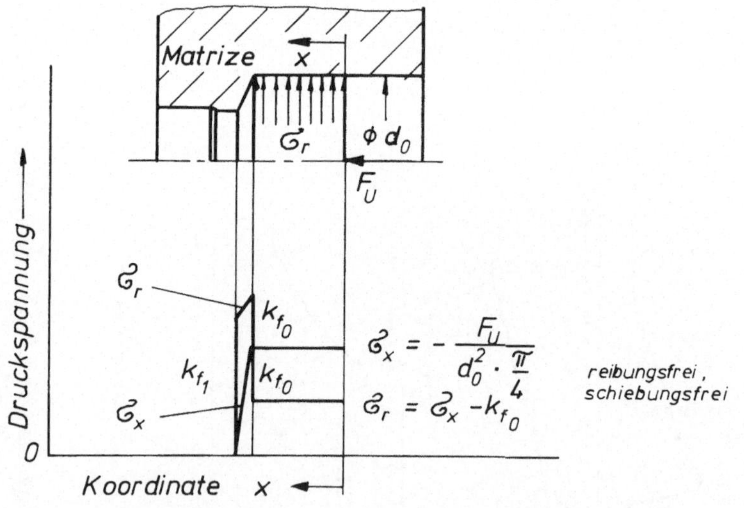

Bild 60: Ermittlung der radialen Matrizenbeanspruchung im Aufnehmerteil

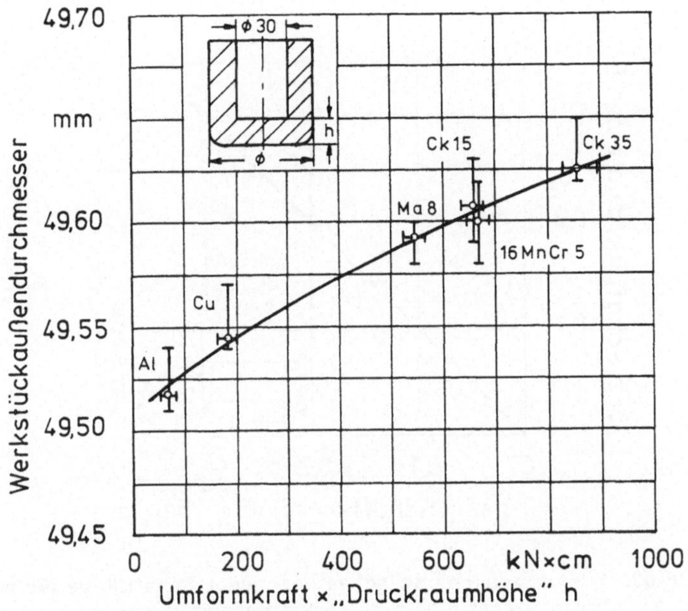

Bild 61: Werkstückaußendurchmesser (Napf-Rückwärtsfließpressen) in Abhängigkeit einer Vergleichsgröße für die radiale Werkzeugbelastung

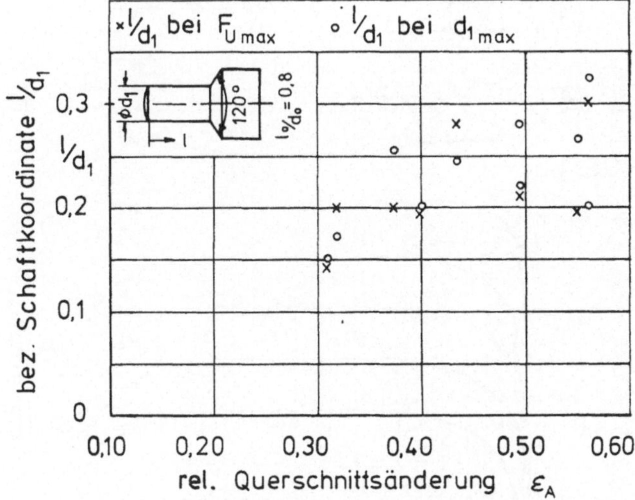

Bild 62: Bezogene Schaftlänge für max. Umformkraft und max. Schaftdurchmesser (Voll-Vorwärtsfließpressen)

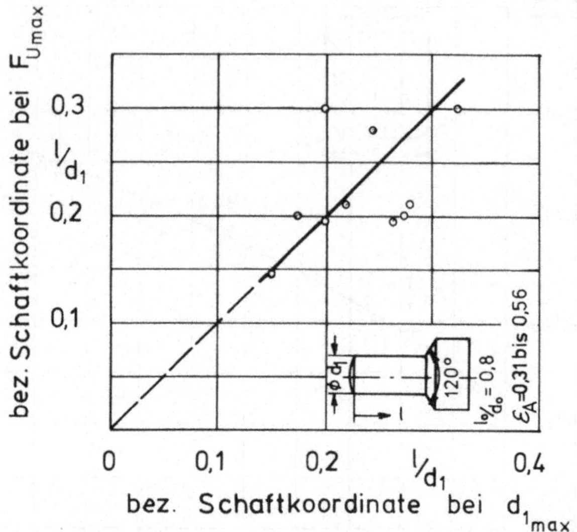

Bild 63: Zusammenhang zwischen bezogener Schaftlänge für max.
Umformkraft und max. Schaftdurchmesser

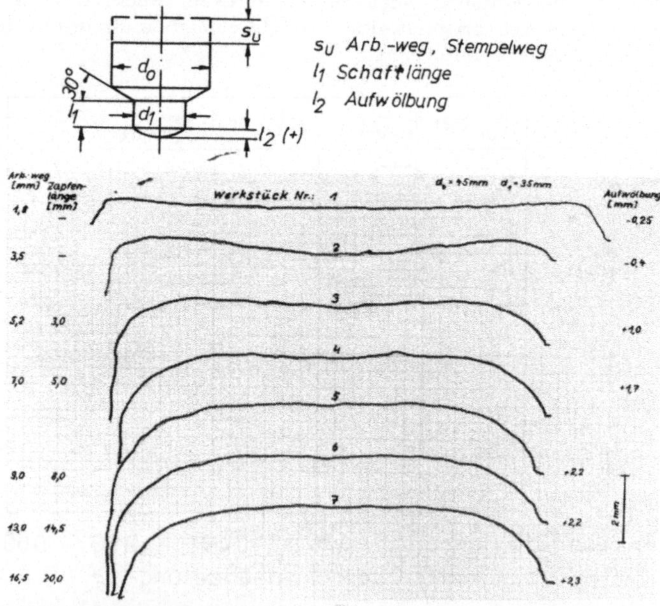

Bild 64: Änderung der Form der Schaftstirn mit dem Stempelweg bzw.
der Schaftlänge beim Voll-Vorwärtsfließpressen

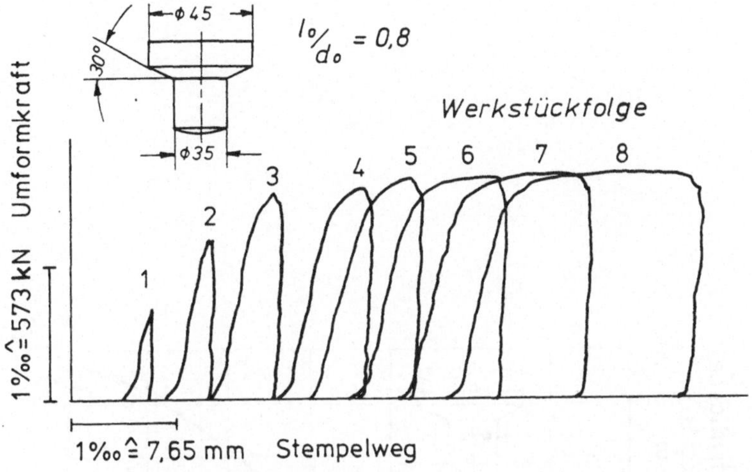

Bild 65: Umformkraftverlauf über dem Stempelweg bei Steckern (Voll-Vorwärtsfließpressen) (Beachte zugeordnete Werkstückfolge in Bild 64 und Bild 65)

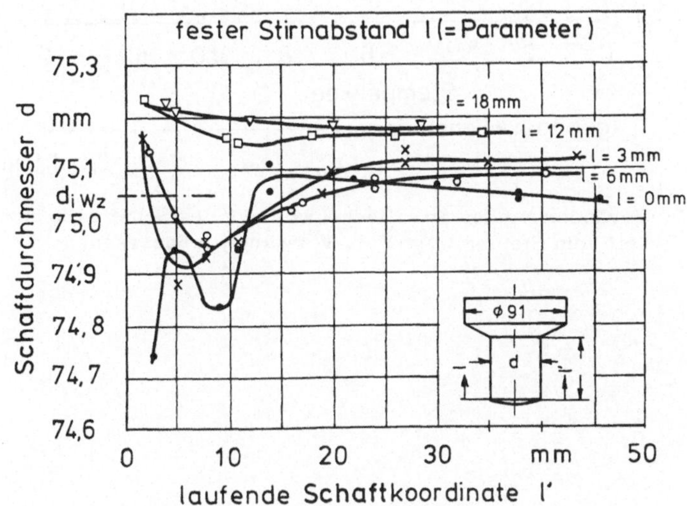

Bild 66: Veränderung des Schaftdurchmessers stirnflächennaher Schaft-abschnitte während der Umformung (Voll-Vorwärtsfließpressen)

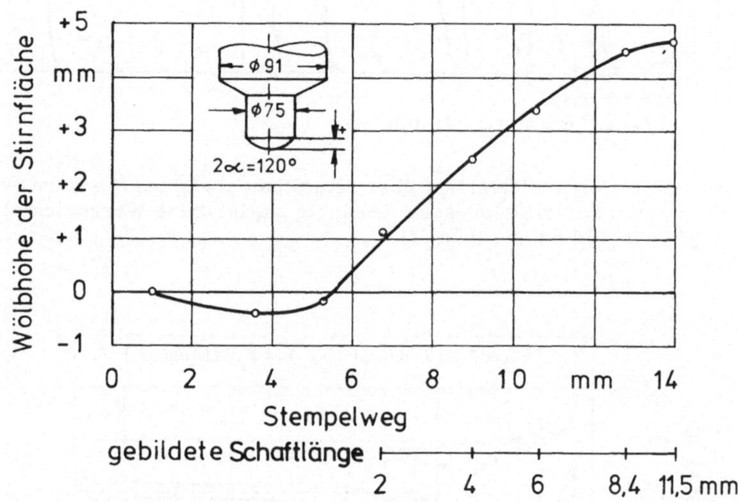

Bild 67: Veränderung der Stirnflächenwölbung des Schaftes in Abhängigkeit vom Stempelweg (Voll-Vorwärtsfließpressen)

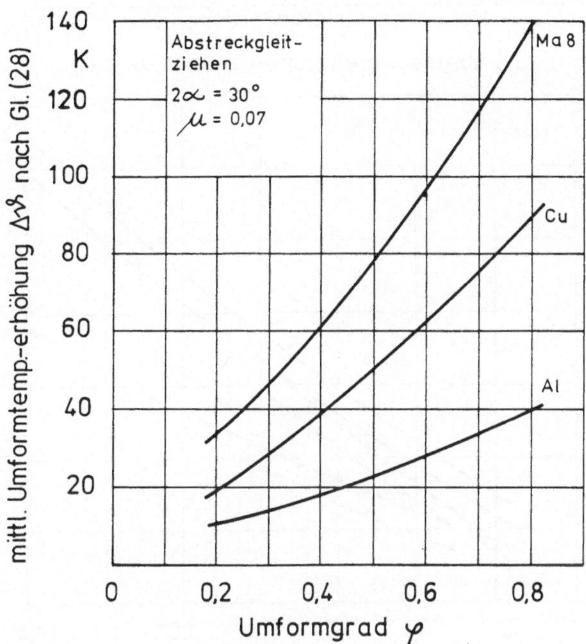

Bild 68: Mittlere Umformtemperaturänderung nach Gl. (28)

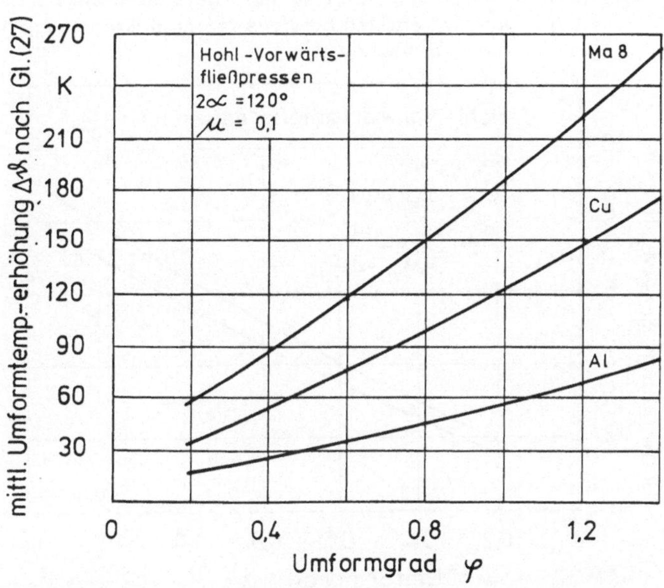

Bild 69: Mittlere Umformtemperaturänderung nach Gl. (27)

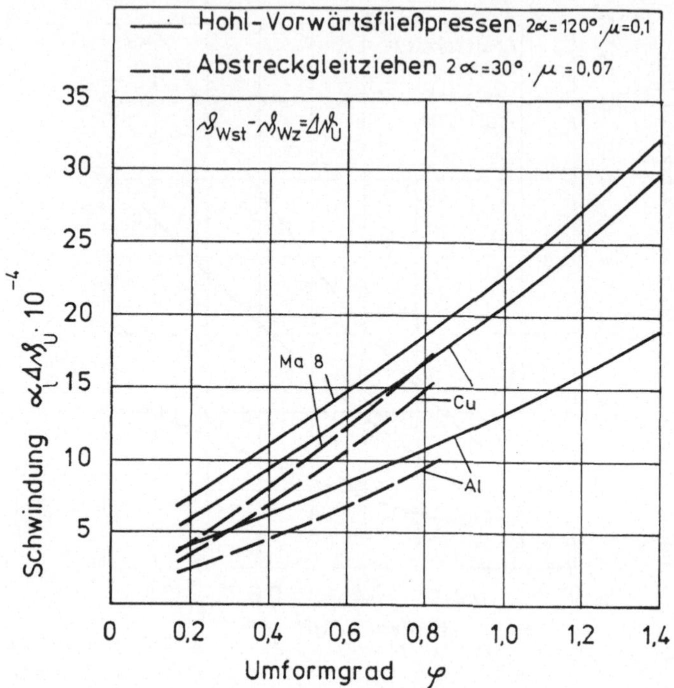

Bild 70: Maximal möglicher Abmessungsunterschied zwischen Werkstücken aus kaltem und betriebswarmem Werkzeug, hervorgerufen durch Schwindung

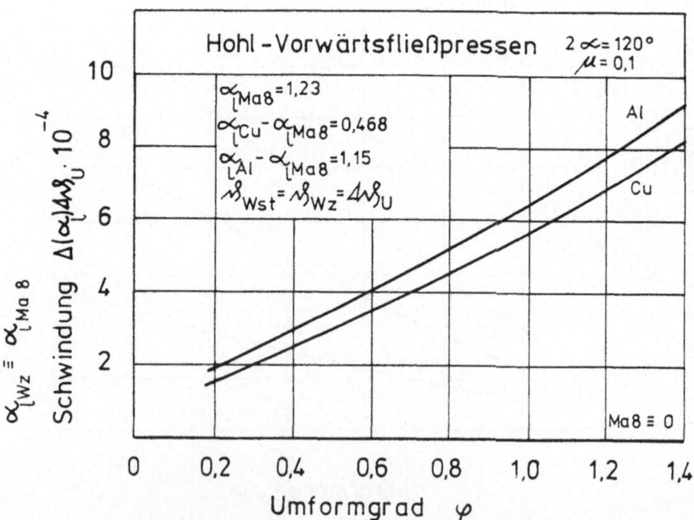

Bild 71: Minimal möglicher Abmessungsunterschied zwischen Werkstücken aus kaltem und betriebswarmem Werkzeug, hervorgerufen durch Schwindung

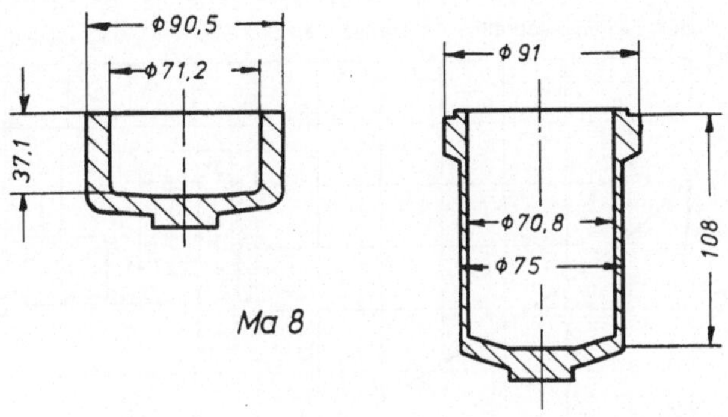

Bild 72: Kaltfließgepreßte Ausgangs- und Endform

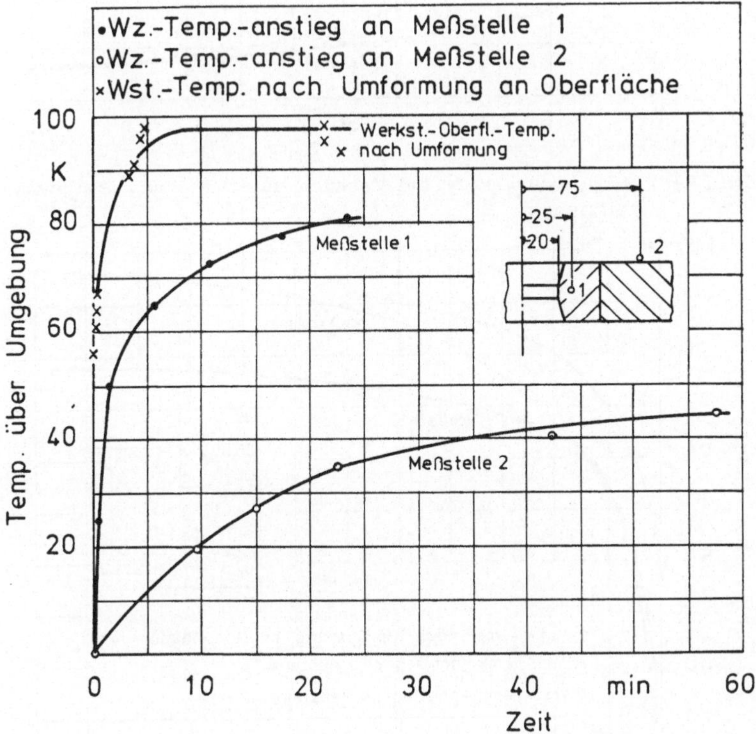

Bild 73: Temperaturanstieg bei Versuchsbeginn (Abstreckgleitziehen)

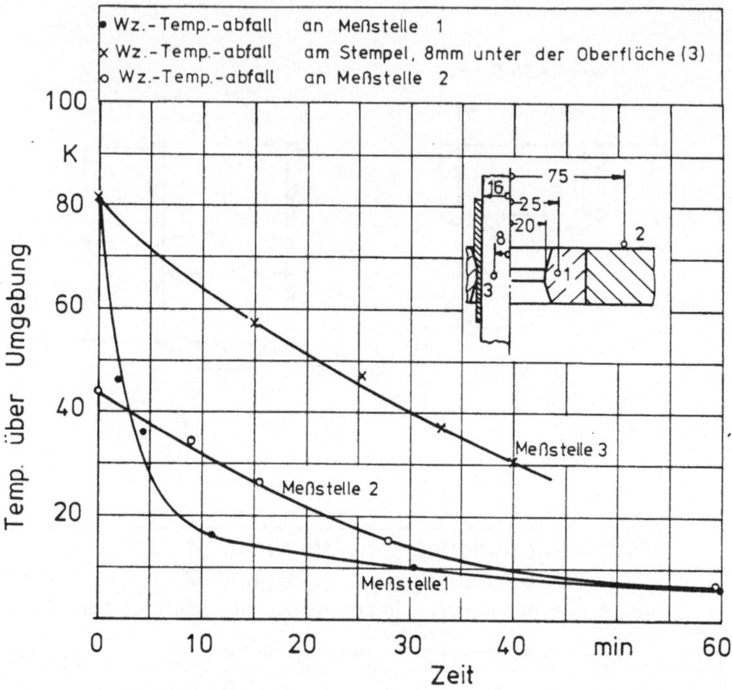

Bild 74: Temperaturverlust bei Versuchsunterbrechung (Abstreckgleitziehen)

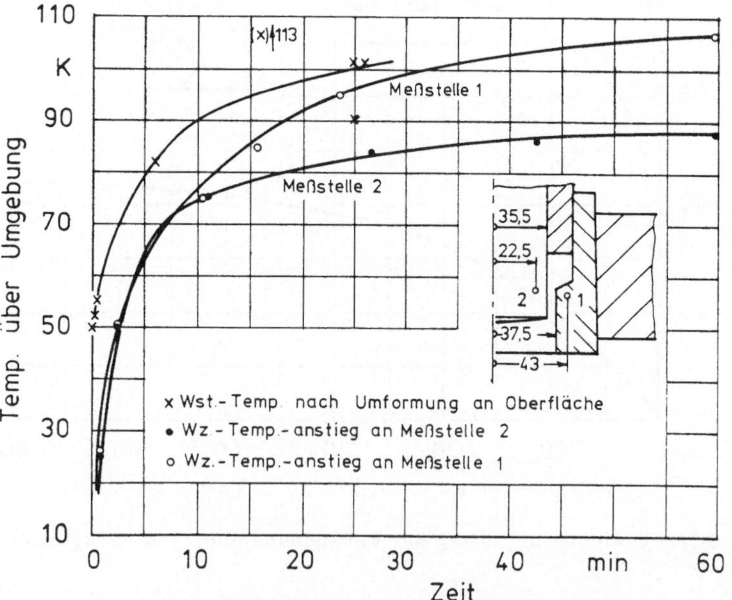

Bild 75: Temperaturanstieg bei Versuchsbeginn (Hohl-Vorwärtsfließpressen

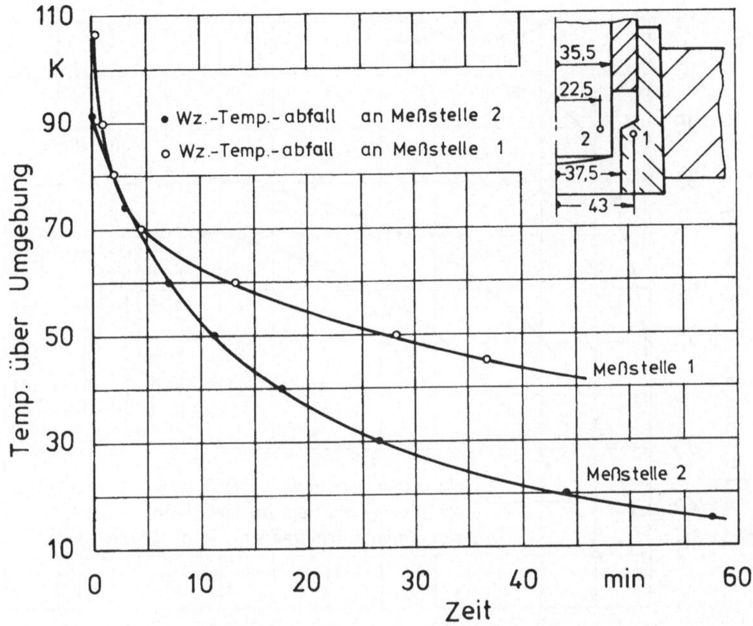

Bild 76: Temperaturverlust bei Versuchsunterbrechung (Hohl-Vorwärtsfließpressen)

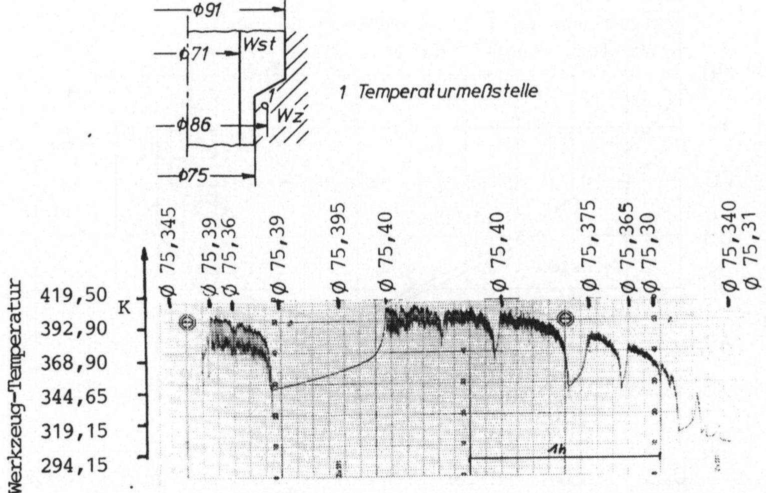

Bild 77: Temperaturgang eines umformzonennahen Matrizenbereiches
während eines Dauerlaufversuches (Hohl-Vorwärtsfließpressen)

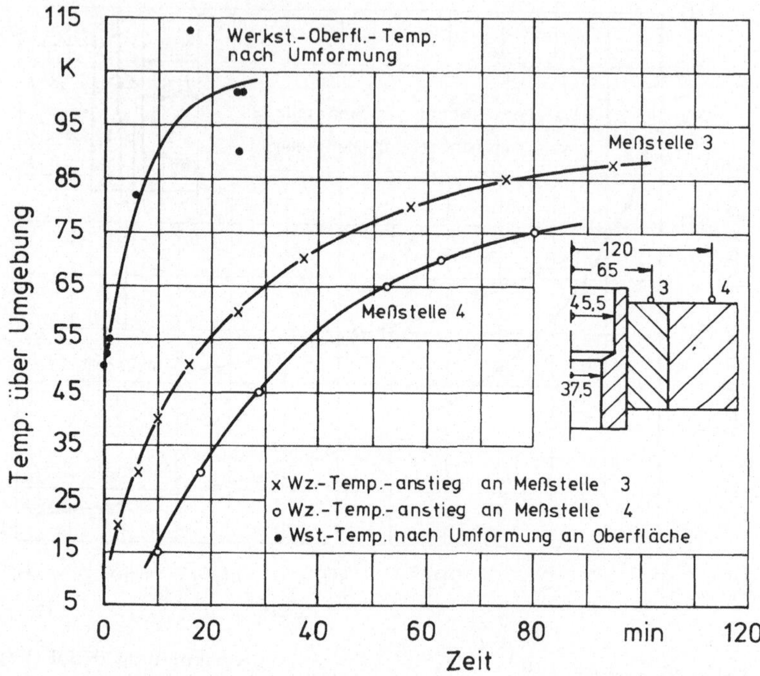

Bild 78: Temperaturanstieg bei Versuchsbeginn (Hohl-Vorwärtsfließpressen)

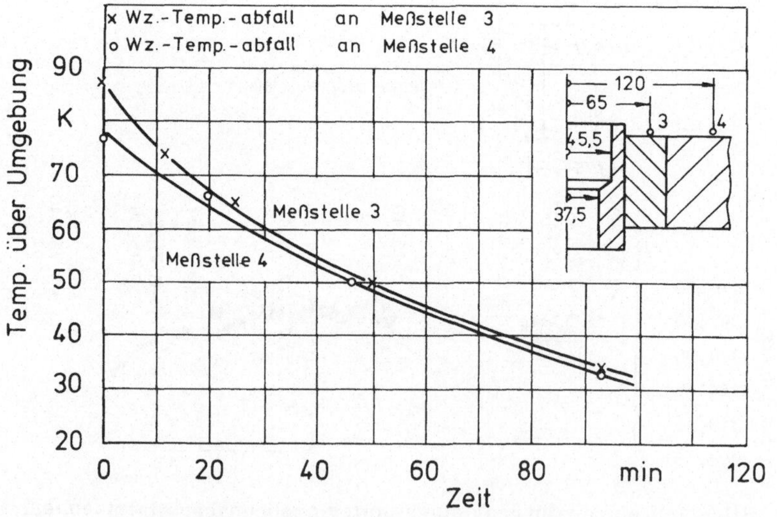

Bild 79: Temperaturverlust bei Versuchsunterbrechung (Hohl-Vorwärtsfließpressen)

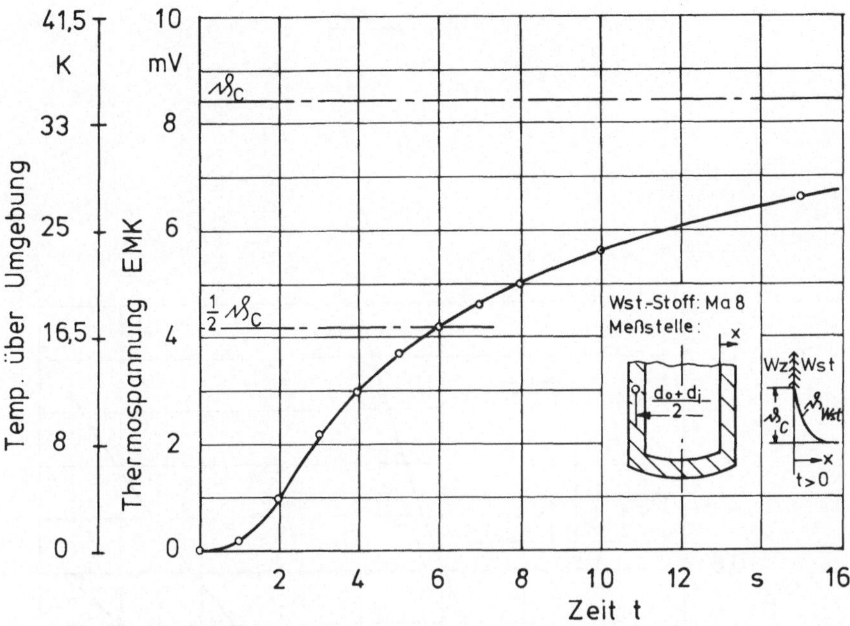

Bild 80: Temperaturanstieg einer auf betriebswarmen Stempel aufgesteckten kalten Ausgangsform zum Abstreckgleitziehen

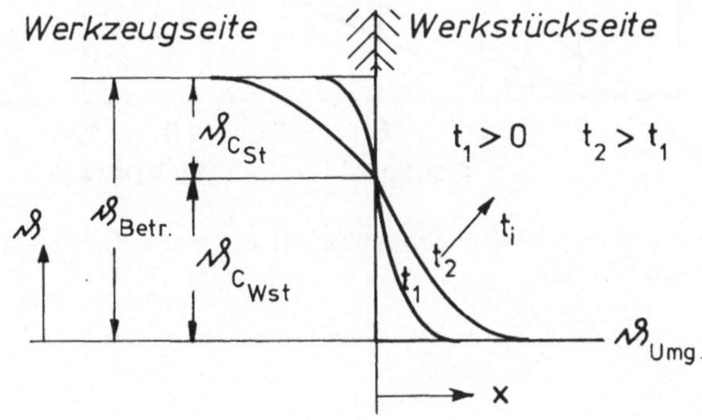

Bild 81: Temperaturverhältnisse an Werkzeug und Werkstück
(schematisch)

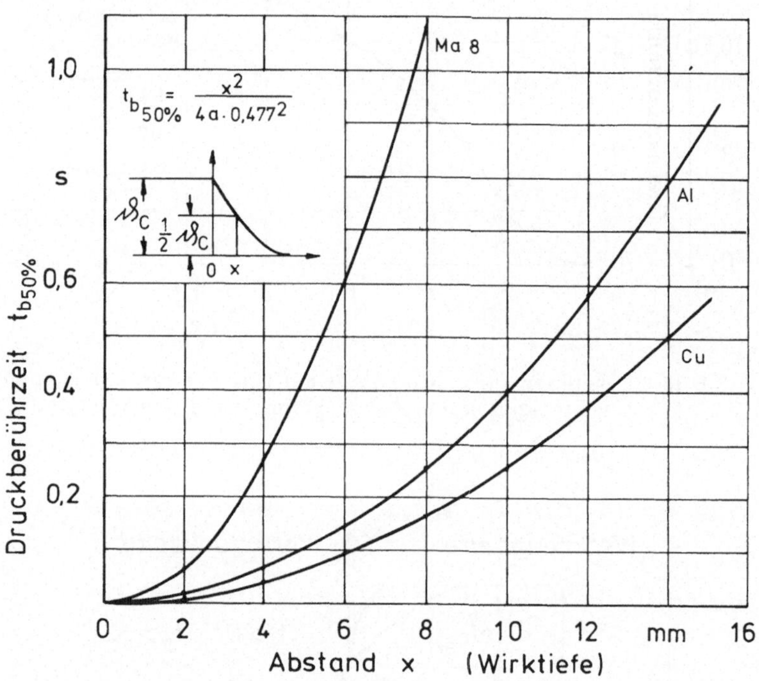

Bild 82: Erforderliche Druckberührzeit als Funktion der Wirktiefe
nach Gl (34)

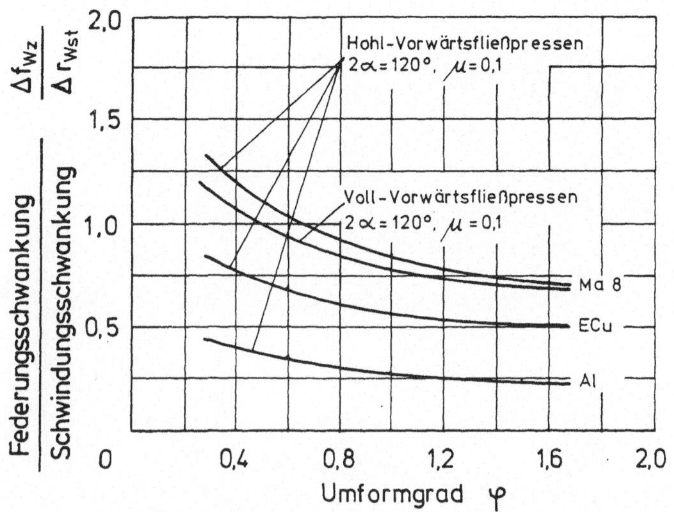

Bild 83: Verhältnis von radialer Werkzeugfederungsschwankung zu
Werkstückschwindungsschwankung ($\approx$ Verhältnis der beiden
Maßschwankungsanteile)

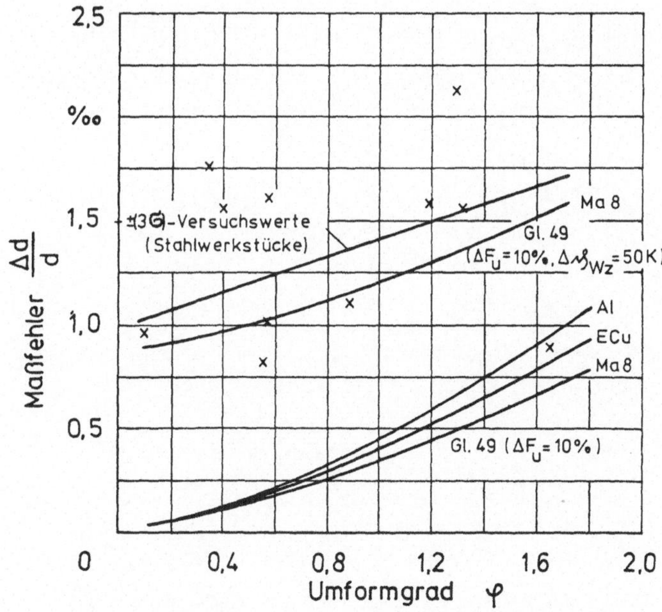

Bild 84: Durchmessermaßfehler von Kaltfließpreßwerkstücken - Vergleich
von Versuchswerten mit Rechenwerten nach Gl. (49).
Untere Kurvenschar: Annahme einer Schwankung der Umformkraft (und Umformtemperatur) von 10 %.
Obere Kurve: zusätzliche Annahme einer Schwankung des Werk-
zeugtemperaturfeldes um 50 K.

Tabelle 1: Statistisch gesicherte empirische Beziehungen auftretender Ungenauigkeiten bei Kaltmassivumformung von Stahl

Ungenauigkeitsart	gesicherte Beziehung	Standardabweichung	Geltungsbereich	Dimension des Zahlenwertes
Maßfehler maschinen-gebundener Maße	$\varDelta M = 0,32$ mm	$0,21$ mm	$M \leq 40$ mm	-
Maßfehler an Zylinder-außendurchmessern	$\varDelta M = 0,0015 \cdot M$ $\varDelta M = (0,058 \cdot \lg\{m\} - 0,097)$ mm	$0,034$ mm $0,043$ mm	$M \leq 100$ mm $M \leq 100$ mm	- m in g
Maßfehler an Zylinder-innendurchmessern	$\varDelta M = 0,00087 \cdot M + 0,01$ mm $\varDelta M = (0,027 \lg\{m\} - 0,035)$ mm	$0,023$ mm $0,025$ mm	$M \leq 90$ mm $m \leq 2500$ g	m in g
Lagefehler von Teil-körpern mit "fluchten-den" Achsen	$\varDelta W = 0,008 \cdot W + 0,19$ mm $\varDelta W = (0,39 \cdot f_{vol} - 0,01)$ mm	$0,11$ mm $0,098$ mm	Wanddicke ≤ 30 mm bei Hohlkörpern	
Zylinderfehler an Außendurchmessern	$\varDelta Z = 0,00135 \cdot M + 0,01$ mm $\varDelta Z = (0,063 \lg\{m\} - 0,103)$ mm	$0,054$ mm $0,055$ mm	$M \leq 100$ mm $m \leq 10000$ g	m in g
Durchbiegungsfehler an Zylinderachsen	$\varDelta B = 0,002 \cdot M + 0,063$ mm $\varDelta B = (0,104 \cdot \lg\{m\} - 0,17)$ mm $\dfrac{\varDelta B}{1} = (0,0064 \cdot M + 0,247)$ ‰	$0,042$ mm $0,054$ mm $0,152$ ‰	$M \leq 120$ mm $1/d \geq 3$	m in g M in mm
	$\dfrac{\varDelta B}{1} = (0,382 \cdot \lg\{m\} - 0,658)$ ‰	$0,161$ ‰	$m \leq 13000$ g	m in g

Tabelle 2: Maximaler bezogener Werkstückdurchmesser für Gleiten
der Reibpartner ohne Haftzonen beim Stauchen zwischen
ebenen Werkzeugbahnen

μ	$(\frac{d}{h})_{max}$
0, 05	48
0, 10	17, 6
0, 15	9
0, 20	5, 3
0, 30	2, 16

Tabelle 3: Gemessene Veränderungen des Werkstückaußendurchmessers nach den Arbeitsschritten, Nenndurchmesser 40 mm,
Abstreckgleitziehen

Meßstelle	Durchmesserverkleinerungen		
	Hinzug-Rückzug mm	Rückzug-Abstreifen mm	Abstreifen-Abkühlen mm
1	0, 045	0, 012	0, 02
2	0, 002	0, 055	0, 02
3	0, 005	0, 055	0, 02
4	0, 002	0, 055	0, 025
5	0, 002	0, 055	0, 022
6	0, 005	0, 05	0, 027
7	0, 005	0, 05	0, 025
8	0, 002	0, 047	0, 025
9	0, 005	0, 047	0, 025
10	0, 005	0, 045	0, 025
11	0, 005	0, 042	0, 025
12	0, 005	0, 037	0, 027
13	0, 005	0, 037	0, 022
14	0, 002	0, 035	0, 02

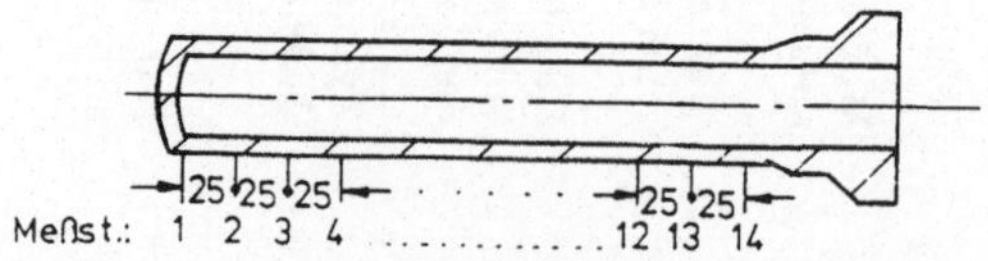

Tabelle 4: Gemessene und gerechnete Abweichung von der Zylinderform für Außendurchmesser, Voll-Vorwärtsfließpressen

Rohteil$\emptyset$	l/d	Schaft$\emptyset$	ε_A	Zylindrizitätsfehler gemessen	gerechnet
mm	-	mm		mm/cm	mm/cm
45	0,8	30	0,55	0,018	0,0136
45	0,8	35	0,40	0,015	0,01
45	0,8	40	0,22	-	0,0036
60	0,8	40	0,55	0,014	0,0144
60	0,8	45	0,435	0,012	0,0142
60	0,8	50	0,31	0,012	0,0097
70	0,8	50	0,495	0,0165	0,0179
70	0,8	55	0,375	0,0145	0,0123
91	0,47	75	0,325	0,035	0,0211

Tabelle 5: Kennzahlen für die wärmetechnischen Berechnungen

Stoff	b	k_{f_m} [+]	a	α_l
	$\dfrac{J}{m^2 K s^{1/2}}$	$\dfrac{N}{mm^2}$	$\dfrac{m^2}{s}$	
Cu	36,0	320	$107 \cdot 10^{-6}$	$1,698 \cdot 10^{-5}$
Al	23,6	100	$94,8 \cdot 10^{-6}$	$2,38 \cdot 10^{-5}$
C-Stahl	14,8	550	$16,3 \cdot 10^{-6}$	$1,23 \cdot 10^{-5}$

[+] Verhältniszahlen nach VDI-Richtlinie 3200 im Bereich $\varphi = 0,2$ bis $0,5$ (Abstreckgleitziehen)

ANHANG

A1 Beschreibung des Meßaufbaues für die radialen Federungsmessungen mit Hilfe von DMS

In den taschenförmigen Ausnehmungen der Matrize bei A (Bild 36) ist je ein Dehnungsmeßstreifen der Hottinger Baldwin Meßtechnik, Type 3/120 XB 11, R = 120,0 Ω $\pm$ 0,5 %, k = 2,02 $\pm$ 0,5 %, mit einem an Stoff mit linearem Wärmeausdehnungskoeffizienten $\alpha_l = 12 \cdot 10^{-6} \, K^{-1}$ angepaßten Temperaturkoeffizienten eingeklebt. Bei der Auswahl des Klebers EPY 500 (Hottinger Baldwin Meßtechnik) wurde berücksichtigt, daß von der Umformung herrührende Temperaturbelastung auf die DMS einwirkt. Die mittlere Temperaturgangkurve der gewählten Streifen, die zu Halbbrücken geschaltet sind, auf Prüfkörpermaterial mit $\alpha_l = 12 \cdot 10^{-6} \, K^{-1}$ zwischen 288 K und 403 K, beträgt nach Angaben des Herstellers maximal 22 μm/m.

Die vier Meßfühler waren auf 4 Kanäle einer 6 Kanal-Trägerfrequenzmeßbrücke, Bauart Hottinger Baldwin Meßtechnik, Type KWST 6, geschaltet, an deren Ausgang 4 Kanäle eines 10 Kanal-UV-Lichtstrahloszillographen "Visicorder" Type 1508, Bauart Honeywell, angelegt waren. Die einzelnen Meßstellen wurden wiederholt geeicht. Es ergaben sich aus dem Eichprinzip (Kegel 1:500 dringt in passenden Hohlkegel ein) nach kurzem nichtlinearen Kurvenanfang - bedingt durch das Einebnen von Rauhigkeitsspitzen -, lineare Eichlinien, weswegen eine Parallelverschiebung der gefundenen Linien durch den Koordinatenursprung zulässig war. Bei diesem Eichversuch stellt sich auch eine elastische Zusammendrückung des vollen Eichkegels (Innenwerkzeug) ein.

Die Nachrechnung dieser Zusammendrückung ergibt, daß sie im Fall unendlich langer Berührfläche zwischen Innen- und Außenwerkzeug etwa maximal ein Viertel der Aufweitung des Hohlwerkzeuges beträgt.

Da der Vollkegel jedoch viel länger als das Hohlwerkzeug ist, stützen die unbelasteten Mantelbereiche ihre belasteten Nachbargebiete. Deshalb braucht eine Zusammendrückung des Innenwerkzeuges nicht in der oben angegebenen Größe angenommen zu werden. Sie liegt damit etwa eine Größenordnung unter der Ringaufweitung.

Für die Dehnungsmeßversuche war unter dem Werkzeugaufbau eine erprobte Kraftmeßdose, Eigenbau, mit 8 aktiven und 8 passiven Dehnungsmeßstreifen, in Vollbrücke geschaltet, angeordnet. Ihr Meßfühler ist auf einen Kanal der Trägerfrequenzmeßbrücke und an deren Ausgang auf einen Kanal des UV-Lichtstrahloszillographen geschaltet.

Die Aufnahme des Stempelweges geschieht bis zur Länge, die mit vorhandenen induktiven Wegaufnehmern durchführbar war, über den sechsten Kanal der 6 Kanal-Trägerfrequenzmeßbrücke auf einem freien Kanal des UV-Lichtstrahloszillographen, durch Anbau des festen Hülsenteils des Aufnehmers am Werkzeugstock des Unterwerkzeuges und Anbau des Tauchankers an der Werkzeugaufnahme des Oberwerkzeuges. Die Fehler bei der Stempelwegmessung, die dadurch gegeben sind, daß die Werkzeugfederungen zwischen den beiden Festpunkten der Wegaufnehmerbefestigungen unberücksichtigt bleiben, beeinflussen das Ergebnis kaum, da der Stempelweg die axialen Federungen zwischen diesen Punkten weit übersteigt. Damit können Aussagen über die stempelwegabhängigen radialen Werkzeugfederungen beim Vergleich mit dem erzeugten Zylinder mit genügender Genauigkeit gemacht werden.

Alle gemessenen Größen wurden über der Zeit aufgezeichnet. Dadurch war es möglich, für Umformwege, welche mit den Meßmöglichkeiten des induktiven Weggebers nicht mehr erfaßbar waren, aus der Kenntnis der Stößelgeschwindigkeit der hydraulischen Presse die Zuordnung der Werkzeugfederung zum Stempelweg zu finden.

A2 Beschreibung des Meßaufbaues für die Temperaturmessungen mit
   Hilfe von Miniaturmantelthermoelementen und Oberflächenthermo-
   elementen

In die Nähe der Umformzone wurden, wie maßlich in den Bildern 74
und 75 angegeben, in den Umformwerkzeugen Bohrungen zur Aufnahme
von mit Schutzkappen versehenen Miniaturmantelthermoelementen
Chromel-Alumel, Type 2ABAc10, Bauart Philips Industrie-Elektronik
vorgetrieben. In Position gehalten wurden die Elemente durch über
ihren Mantel geschobene und durch Einschrauben in den Werkzeugkörper radial klemmende Schraubhülsen. Dieser Aufbau war für leichtes
Einbauen des Werkzeuges in die Umformmaschine notwendig.

Das dem Meßort abgekehrte Ende der Thermoelemente wurde nach
Vorschriften des Herstellers an die Pol-Adern der Ausgleichsleitung
angeschweißt. Zu beachten war dabei, daß zwischen den beiden Pol-
Adern des Thermoelementes und seinem Metallmantel ein elektrischer
Widerstand von mindestens $5M\Omega$ vorliegt. Für diesen Mindestwider-
stand können die Thermospannungen nach DIN 43710 für Chromel-
Alumel-Paare den Meßorttemperaturen zugeordnet werden. Durch
einen Eichversuch wurde die Erfüllung der notwendigen Voraussetzungen bestätigt (Bild 39).

Dazú wurden, wie bei den später durchgeführten Versuchen, die Thermoelemente auf einen elektronischen Thermostat "Transostat"
SL70FNP, Bauart Philips Industrie-Elektronik, mit Vergleichstem-
peratur 323 K geschaltet; von dort über einen Meßstellenum-
schalter (Eigenbau) auf eine Nullpunkt-Unterdrückungseinheit, Type
PT 1431/01, Bauart Philips Industrie-Elektronik, geführt. Der Ausgang konnte wahlweise über einen Elnik-Kompensationsverstärker,
Type EV 301/10, Bauart Joens, auf einem Digitalvoltmeter "Solartron" Type LM 1420, Bauart Solartron Electronic Group Ltd., aufge-

zeichnet, oder unter Umgehung des Kompensationsverstärkers direkt auf einem Einkanal-Kompensationsschreiber "Servogor" Type RE 511, Bauart Metrawatt, bzw. einem 3-Kanal Kompensationsschreiber, Type B 34 S, Bauart Hellige, geschrieben werden. Den Geräteaufbau zeigt Bild 40.

Die Beschreibung der Meßsignalführung trifft für die Verhältnisse der Oberflächenthermoelemente ebenfalls zu. Es kamen Ni-Cr Ni-Thermopaare Philips PR 6462 B/00, mit Kalibrierung gemäß DIN 43710 zum Einsatz.

A3 Beschreibung des Meßaufbaues für die radiale Federungsmessung mit Hilfe berührungsloser induktiver Weggeber

Über den Kragen A des Werkzeuges, Bild 52, wird eine Meßklammer, Bild 53, gelegt.

Dieses Meßgerät 1 wird durch einen Drehpunkt 2 über Haltestifte 3, die in den Meßklammerhälften eingepreßt sind, durch die Zugfeder 4 zusammengehalten. Durch die federnde Dreipunktauflage 5 am Matrizenkragen A bewegt sich die Klammeröffnung den radialen Werkzeugfederungen entsprechend. Dem Drehpunkt gegenüber ist ein induktiver berührungsloser Wegaufnehmer 6, Tr 2 - 5, Bauart Hottinger Baldwin Meßtechnik, und ein mit der anderen Meßklammerhälfte fest verbundener Amboß 7 angebracht. Dieser Wegaufnehmer wird mit einem Aufnehmer gleicher Art 6, der einem fixen Amboß 7 gegenübergestellt ist, zu einer induktiven Halbbrücke geschaltet und über die in A 1 bereits erwähnte Trägerfrequenzmeßbrücke auf den Ordinateneingang eines X-Y-Schreibers, Type ZSK/BN, Bauart Rhode und Schwarz, gegeben und aufgezeichnet.

Der Arbeitsweg des Stempels wird über einen induktiven Tauchspulen-

weggeber, Type W 100, Bauart Hottinger Baldwin Meßtechnik, aufge-
nommen, über die Trägerfrequenzmeßbrücke auf den Abszissenein-
gang des X-Y-Schreibers gebracht und aufgezeichnet. Das Abtasten
des Stempelweges geschieht, wie in A1 beschrieben, durch Anbau des
festen Teiles (Hülse) des Weggebers am Werkzeugstock des Unterwerkzeuges und Anbau des Tauchankers an der Werkzeugaufnahme des
Oberwerkzeuges. Dadurch kommen Fehler bei der Stempelwegmessung
zustande, weil die Axialfederung des Werkzeuges zwischen den beiden
Festpunkten nicht gemessen wird. Da die Stempelwege beim Umformen jedoch erheblich größer sind als die Werkzeugfederungen, können
Aussagen über die umformwegabhängigen radialen Werkzeugfederungen beim Vergleich mit der erzeugten Zylinderkontur mit genügender
Genauigkeit gemacht werden.

Die Kraftmessung geschieht dabei wie bereits unter A1 ausgeführt.

Für die Eichung der Meßklammer werden zwischen den Außenmantel
des Kragens A des Werkzeuges und die Meßklammeranlagen Folien
abgestufter Dicke gelegt und die gegebenen Meßsignale notiert oder
geschrieben. Bei der beschriebenen Anordnung und Schaltung der Wegaufnehmer ergibt sich, auch nach Angaben des Herstellers, eine ge-
krümmte Eichlinie.

A4 <u>Beschreibung des Meßaufbaues für die induktive Ausmessung umgeformter zylindrischer Werkstücke</u>

Bild 41 zeigt den Meßaufbau. Das umgeformte Werkstück wird in einer
Vorrichtung eingespannt, so daß die Mittelachse horizontal ausgerich-
tet zu liegen kommt. Auf einer Meßplatte mit Führungsnut, die parallel
zur Werkstückachse liegt, ist ein Gleitschuh, in die Nut eintauchend,
axial verschiebbar. Er trägt einen induktiven Tauchankerwegaufnehmer, Type WT 10, Bauart Messotron, für den Zylinderdurchmesser

und den Tauchanker eines auf der Meßplatte befestigten induktiven Weggebers, Type W 100, Bauart Hottinger Baldwin Meßtechnik.

Beide Meßsignale werden über Einkanal-Trägerfrequenzmeßverstärker KWS/3S - 5, Bauart Hottinger Baldwin Meßtechnik, auf den beschriebenen X-Y-Schreiber gegeben und aufgezeichnet. Die Ordinatenzuordnung an einer bestimmten Stelle erfolgt durch Ausmessen des Werkstückdurchmessers an dieser Stelle auf einem Meßmikroskop oder mit dem Mikrometer.

Der Zylinderdurchmesser wird bei dieser Meßanordnung unabhängig von geringen Achsenkrümmungen oder geringer Achsenunparallelität zur Meßplatte richtig ausgemessen, weil dem Tauchankerwegaufnehmer WT 10 auf der senkrechten Säule des Gleitschuhs ein Amboß gegenübergestellt ist, der durch eine Feder während der Messung gegen den Zylindermantel gehalten wird. Amboß und Träger des Tauchankerwegaufnehmers sind durch eine Hülse in festem Abstand gegeneinander fixiert.

A5 Beschreibung des Versuches zur Ermittlung der Meßbrückenbeeinflussung und Matrizendurchmesseränderung beim Meßaufbau gemäß A1 durch die Wirkungen des axialen Umformkraftflusses durch die DMS-Meßstellen der Matrize

Die vier DMS-Meßfühler der Matrize und der Ausgang der unter dem Aufbau gemäß Bild 38 liegenden Kraftmeßdose werden auf fünf Kanäle der Trägerfrequenzmeßbrücke geleitet. Ihre entsprechenden Ausgänge sind an den Lichtstrahloszillographen gelegt. In die Matrize wird, wie aus Bild 38 erkenntlich, ein mit berührungslosen induktiven Wegaufnehmern bestückter Meßgliedträger eingesteckt. Dieser trägt 4 Wegaufnehmer, wie sie in der Meßklammer (A3) benutzt werden, 2 aktive und 2 passive, zu einer Halbbrücke geschaltet. Die aktiven Geber

Tr 1 und Tr 2 sind in Höhe der Matrizenstelle angebracht, wo die interessierenden Maßveränderungen beim Belastungsversuch auftreten.

Die passiven Geber Tr 3 und Tr 4 sind einem hohlzylindrischen Ring gegenübergestellt. Der Luftspalt zwischen Geberstirnfläche und Innenmantelfläche ist dabei so groß wie bei den aktiven Gebern; er beträgt 1 mm. Für die Eichung ist ein der Matrize Z in allen Einzelheiten incl. Stoff und Warmbehandlung nachgebildeter Ring über den Meßgliedträger anstelle der Matrize gestellt. Gegenüber den aktiven Gebern Tr 1 und Tr 2 sind bewegliche, klemmbare Ambosse angebracht worden, die durch Endmaße in Schritten in ihrem Abstand zu den Geberstirnflächen verändert werden können.

Durch die Anordnung von zwei gegenüberliegenden aktiven Gebern ist die Meßanordnung, wie eine Nachprüfung ergab, unempfindlich gegen evtl. exzentrische Lage des Meßgliedträgers in der Matrize.

Der Belastungsversuch nach der durchgeführten Eichung ergab schließlich, daß selbst bei Belastungen oberhalb der zu erwartenden Umformkraft die Matrize ihren Innendurchmesser um weniger als 1 μm veränderte. Diese Durchmesserveränderung ist für die Arbeitsversuche ohne Belang.

Beim Belastungsversuch ergaben sich für Kraftanstieg und Kraftabstieg vernachlässigbar unterschiedliche elektrische Anzeigen bei den 4 DMS-Meßfühlern, die zu je einer gemittelten Eichkurve zusammengefaßt werden konnten. Die gefundenen elektrischen Anzeigen sind später bei den Federungsermittlungen von der Gesamtanzeige zu subtrahieren, um die aus den radialen Matrizenveränderungen herrührenden und letztlich interessierenden Anzeigen zu erhalten.

A6 <u>Ableitung der Differentialgleichung für die Errechnung der radialen Werkzeugbelastung auf die Matrize beim Abstreckgleitziehen
unter Zuhilfenahme eines elementaren Scheibenmodells</u>

Anhand des Bildes 48 kann für die Beanspruchungswirkungen am Ele-
ment folgende Beziehung aufgestellt werden: $\mu = \mu_{St} = \mu_{Matr}$:

$$\left(\sigma_x + \frac{\partial \sigma_x}{\partial x}\, dx\right)\left[(r-dr)^2 - r_{St}^2\right]\pi + \mu\, \sigma_r \cdot 2 \cdot r_{St}\, \pi\, dx - \sigma_x\,(r^2 - r_{St}^2)\, \pi$$

$$-\mu\, \sigma 2 \cdot \frac{r+r-dr}{2}\, \pi \cdot \frac{dx}{\cos\alpha} \cdot \cos\alpha - 2\sigma\, \frac{r+r-dr}{2}\, \pi\, \frac{dx}{\cos\alpha}\, \sin\alpha = 0\,;$$

$$\sigma_x\, r^2 - \sigma_x\, 2r\, dr - \sigma_x\, r_{St}^2 + \frac{\partial \sigma_x}{\partial x}\, dx\, r^2 - \frac{\partial \sigma_x}{\partial x}\, dx\, 2r\, dr - \frac{\partial \sigma_x}{\partial x}\, dx\, r_{St}^2$$

$$+\mu\, \sigma_r\, 2 \cdot r_{St}\, dx - \sigma_x\, r^2 + \sigma_x\, r_{St}^2 - \mu\, \sigma 2r\, dx - 2\sigma r\, dx \cdot \tan\alpha = 0\,;$$

Produkte von Differentialen sind unberücksichtigt;

$$\frac{\partial \sigma_x}{\partial x}\, dx\,(r^2 - r_{St}^2) - \sigma_x\, 2r\, dr + \mu\, \sigma_r\, 2\, r_{St}\, dx - 2r\sigma\, dx\,(\mu + \tan\alpha) = 0\,;$$

mit $dr = -dx \cdot \tan\alpha$ und $\sigma_r = \sigma\,(1 - \mu \cdot \tan\alpha)$:

$$\frac{\partial \sigma_x}{\partial x}\,(r^2 - r_{St}^2) + 2\sigma_x\, r \cdot \tan\alpha + \mu\, \sigma_r\, 2\, r_{St} - 2r\, \sigma_r\, \frac{\mu + \tan\alpha}{1 - \mu \cdot \tan\alpha} = 0\,;$$

$\mu = \tan\varrho$ gesetzt; σ_x nur von ∂x abhängig, deshalb $\partial x \longrightarrow dx$:

$$\frac{d\sigma_x}{dx}\,(r^2 - r_{St}^2) + 2\sigma_x\, r \cdot \tan\alpha + 2\sigma_r\left[\mu\, r_{St} - r \cdot \tan(\alpha + \varrho)\right] = 0\,;$$

$$\sigma_x - \sigma_r = k_f\,;\qquad \text{somit:}$$

$$\frac{d\sigma_x}{dx}\,(r^2 - r_{St}^2) = 2\sigma_x\left[-r \cdot \tan\alpha + \mu\, r_{St} - r \cdot \tan(\alpha + \varrho)\right] - 2k_f\left[\mu\, r_{St} - r \cdot \tan(\alpha + \varrho)\right]$$

Gl (24)

- 159 -

Für die numerische Ausrechnung ist (24) wie folgt zu schreiben:

$$\frac{\sigma'_{x_{i+1}} - \sigma'_{x_i}}{b/n} = 2\,\sigma'_{x_i}\,(A_i + B_i) - 2\,k_{f_i}\cdot B_i$$

$$A_i = -\frac{r_i\,\tan\alpha}{r_i^{\,2} - r_{st}^{\,2}} \quad ; \quad B_i = \frac{-r_i\,\tan(\alpha + \varrho) + \mu\,r_{st}}{r_i^{\,2} - r_{st}^{\,2}}$$

b/n = endliches Intervall der Umformzonenlänge b

Schrifttum

[1] Beck, G.:

Über die Beanspruchung von Schmiedegesenken durch Wärme. -
Dr.-Ing.-Diss., Techn. Hochsch., Hannover, 1957.

[2] Burgdorf, M.;
Müschenborn, R.:

Nomogramme zur Ermittlung der Umformkraft beim Fließpressen.
Werkstattstechnik 60 (1970) S. 503 - 506.

[3] Burgdorf, M.:

Über die Ermittlung des Reibwertes für Verfahren der Massivumformung durch den Ringstauchversuch.
Ind.-Anz. 89 (1967) S. 799 - 804.

[4] Bühler, H.:

Eigenspannungen durch Kaltverarbeitung und Maßnahmen zu ihrer Vermeidung.
Werkstatt und Betrieb 84 (1951) S. 84 - 89 und S. 133 - 139.

[5] Busch, R. K.:

Untersuchungen über das Abstreckziehen von zylindrischen Hohlkörpern bei Raumtemperatur.
Bericht aus dem Institut für Umformtechnik, Univ. Stuttgart, Nr. 10, Essen: Girardet 1969.

[6] Dalheimer, R.:

Die Wärmeübergangszahl zwischen Werkstück und Werkzeug während des Umformens von Al-Legierungen.
Ind.-Anz. 92 (1970) S. 1731 - 1732.

[7] Grotz, H.:

Warmfließpressen von Stahl. -
Dr.-Ing.-Diss., Techn. Hochsch., Hannover, 1966.

[8] Gröber, H.;
Erk, S.;
Grigull, U.:

Grundgesetze der Wärmeübertragung.
4. Aufl., Berlin, Göttingen, Heidelberg, Springer 1963.

[9] Huwendiek, J.:

Grundlagen der Maßtoleranzen für Gesenkschmiedestücke aus Stahl. -
Dr.-Ing.-Diss., Techn. Hochsch., Hannover, 1963.

[10] Klafs, U.: Ein Beitrag zur Bestimmung der Temperaturverteilung in Werkzeug und Werkstück
beim Warmumformen. -
Dr.-Ing.-Diss., Techn. Univ., Hannover,
1969.

[11] Kopp, R.: Untersuchung über das Temperaturfeld beim
Ziehen von Rundstäben. -
Dr.-Ing.-Diss., Techn. Hochsch., Clausthal,
1968.

[12] Kudo, H.; Stability of Punch Movement in Plane-Strain
Ito, H.: Backward Extrusion of Can.
C.I.R.P. General Assembly Sweden 1972.

[13] Lange, K.: A System for the Investigation of Metal
Forming Processes.
Proceedings 10th International M.T.D.R.
Conference, Univ. Manchester 1969. Oxford,
London, usw.: Pergamon Press 1970.

[14] Lange, K.: Die Arbeitsgenauigkeit beim Gesenkschmie-
den unter Hämmern.
Forschungsbericht des Landes NRW, Heft 98.
Köln, Opladen: Westdeutscher Verlag 1955.

[15] Lanskoj, E. N.: Einfluß der Steifigkeit des Systems Umformmaschine - Umformwerkzeug auf die Arbeitsgenauigkeit beim Massivumformen.
Ind.-Anz. 90 (1968) S. 2005 - 2007.

[16] Linder, A.: Statistische Methoden.
4. Aufl. Basel, Stuttgart: Birkhäuser Verlag
1964.

[17] Lippmann, H.; Plastomechanik der Umformung metallischer
Mahrenholtz, O.: Werkstoffe.
Bd. 1, Berlin, Heidelberg, New York:
Springer 1967.

[18] Löwen, J.: Ein Beitrag zur Bestimmung des Reibungszu-
standes beim Gesenkschmieden. -
Dr.-Ing.-Diss., Techn. Univ., Hannover,
1971.

[19] Meier, R.: Die Genauigkeit des Kaltflachprägens metallischer Werkstücke. -
Dr.-Ing.-Diss., Techn. Hochsch., Hannover,
1961.

[20] Morgan, R. A. P.: Tooling for Cold Extrusion.
Special Conference on Cold Extrusion of
Steel. - Sheffield, Nov. 1960.

[21] Pawelski, O.: Über die Wechselwirkung von Reibung, Schmierung, Wärmeübertragung und Temperaturfeld
bei der Warmumformung von Stahl.
Tagung Tribologie und Schmierungstechnik in
Theorie und Praxis. - Essen, Sept. 1969.

[22] Peiter, A.: Eigenspannungen I. Art - Ermittlung und Be-
wertung.
Düsseldorf: Michael Triltsch Verlag 1966.

[23] Peiter, A.; Eigenspannungen in einem gezogenen Stahl-
Dell, G.; rohr unterschiedlicher Länge.
Kiefer, R.: Bänder, Bleche, Rohre 13 (1972) S. 131 - 135.

[24] Poócza, A.: Auffederung und Werkstückgenauigkeit beim
Fließpressen.
Werkstattstechnik 57 (1967) S. 371 - 374.

[25] Schepers, A.; Untersuchungen der technologischen Eigen-
Peiter, A.: spannungen gezogener Automatenstähle.
Stahl und Eisen 79 (1959) S. 337 - 349.

[26] Schey, J. A.: Metal deformation processes - Friction and
Lubrication.
New York: Marcel Dekker Inc. 1970.

[27] Schmitt, G.: Die Werkzeugbeanspruchung beim Napffließpressen von Stahl.
Ind.-Anz. 90 (1968) S. 1840 - 1842.

[28] Schmitt, G.: Untersuchungen über das Napf-Rückwärts-
fließpressen von Stahl bei Raumtemperatur.
Berichte aus dem Institut für Umformtechnik,
Univ. Stuttgart, Nr. 7. Essen: Girardet 1968.

[29] Schmoeckel, D.: Untersuchungen über die Werkzeuggestaltung
beim Vorwärts-Hohlfließpressen von Stahl
und Nichteisenmetallen.
Berichte aus dem Institut für Umformtechnik,
Techn. Hochsch. Stuttgart, Nr. 4. Essen:
Girardet 1966.

[30] Siebel, E.: Grundlagen und Begriffe der bildsamen Formgebung.
Werkstattstechnik und Maschinenbau 40 (1950) S. 373 - 380.

[31] Thomsen, E. G.; Mechanics of plastic deformation in metal
Yang, Ch. T.; processing.
Kobayashi, S.: New York: The MacMillan Company. London: Collier-MacMillan Ltd. 1965.

[32] Vater, M.; Über die Spannungs- und Formänderungsver
Nebe, G.: teilung beim Stauchen.
VDI-Zeitschrift, Fortschrittsberichte, Reihe 2, Nr. 5.

[33] Wagener, H. W.; Maßtoleranzen an Kaltfließpreßwerkstücken
Leykamm, H.: aus Stahl.
Ind.-Anz. 90 (1968) S. 45 - 51.

[34] Wilhelm, H.: Untersuchungen über den Zusammenhang zwischen Vickershärte und Vergleichsformänderung bei Kaltumformvorgängen.
Berichte aus dem Institut für Umformtechnik, Univ. Stuttgart, Nr. 9. Essen: Girardet 1969.

[35] Witte, H. D.: Untersuchungen über die Streuung der Kräfte und Arbeiten beim Fließpressen in der laufenden Fertigung und den Einfluß der Phosphatschichtdicke und des Schmiermittels.
Berichte aus dem Institut für Umformtechnik, Univ. Stuttgart, Nr. 6. Essen: Girardet 1967.

[36] Wright, R. W. A.: Cold Extrusion of Steel.
Engineers' digest Vol 30 (1969) S. 87 - 93.

[37] VDI-Arbeitsblatt 5-3138: Kaltfließpressen, praktische Anwendung. Ausgabe März 1953.

[38] VDI-Richtlinie 3139: Kaltfließpressen von Stahl, Arbeitsbeispiele. Ausgabe Mai 1958.

[39] VDI-Richtlinie 3138, Bl. 1: Kaltfließpressen von Stählen und NE-Metallen. Ausgabe Okt. 1970.

[40] VDI-Richtlinie 3185, Bl. 1: Berechnung der bezogenen Stempelkraft und der größten Fließpreßkraft für das Voll-Vorwärtsfließpressen von Stahl bei Raumtemperatur. Ausgabe Okt. 1970.

[41] VDI-Richtlinie 3185, Bl. 2: Berechnung der bezogenen Stempel-
kraft und der größten Fließpreßkraft für das
Napf-Rückwärtsfließpressen von Stahl bei
Raumtemperatur. Ausgabe Okt. 1970.

[42] Geiger, R.:   Der Stofffluß beim kombinierten Napffließpressen.
Bericht aus dem Institut für Umformtechnik,
Univ. Stuttgart, Nr. 36, Essen: Girardet
1976.

Berichte aus dem Institut für Umformtechnik der Universität Stuttgart

Herausgeber Professor Dr.-Ing. Kurt Lange

1 **Untersuchung über den Einfluß der Belastungszeit auf die Streuung der Rückfederung von Biegeteilen**
Von Dipl.-Ing. Klaus Tafel. 70 Seiten Text u. 64 Seiten mit 49 Bildern u. 15 Tafeln. — Vergriffen

2/3 **Untersuchungen über das freie Napfen**
Von Dipl.-Ing. Gerhard Schmitt und Dipl.-Ing. Dieter Schmoeckel.
Untersuchungen über den Kraft- und Arbeitsbedarf sowie den Umformwirkungsgrad beim Vorwärts-Vollfließpressen von Stahl
Von Dipl.-Ing. Dieter Kast. 40 Seiten Text u. 43 Seiten mit 47 Bildern u. 5 Tafeln. — 28,— DM

4 **Untersuchungen über die Werkzeuggestaltung beim Vorwärts-Hohlfließpressen von Stahl und Nichteisenmetallen**
Von Dipl.-Ing. Dieter Schmoeckel. 72 Seiten Text u. 117 Seiten mit 179 Bildern. — 39,— DM

5 **Untersuchungen über das Stauchen und Zapfenpressen**
Von Dipl.-Ing. Märten Burgdorf. 126 Seiten Text u. 58 Seiten mit 138 Bildern u. 4 Tafeln. — 55,— DM

6 **Untersuchungen über die Streuung der Kräfte und Arbeiten beim Fließpressen in der laufenden Fertigung und den Einfluß der Phosphatschichtdicke und des Schmiermittels**
Von Dipl.-Ing. Hans-Dietrich Witte. 38 Seiten Text u. 48 Seiten mit 49 Bildern. — 30,— DM

7 **Untersuchungen über das Rückwärts-Napffließpressen von Stahl bei Raumtemperatur**
Von Dipl.-Ing. Gerhard Schmitt. 132 Seiten Text u. 93 Seiten mit 130 Bildern u. 5 Tafeln. — 34,— DM

8 **Die Abbildegenauigkeit beim Biegen im 90°-V-Gesenk und ihre Beeinflussung durch Nachdrücken im Gesenk durch Nachdrücken im Gesenk**
Von Dipl.-Ing. Eckart Dannenmann. 50 Seiten Text u. 31 Seiten mit 28 Bildern u. 1 Tafel. — Vergriffen

9 **Untersuchungen über den Zusammenhang zwischen Vickershärte und Vergleichsformänderung bei Kaltumformvorgängen**
Von Dipl.-Ing. Hans Wilhelm. 50 Seiten Text u. 35 Seiten mit 37 Bildern u. 2 Tafeln. — Vergriffen

10 **Untersuchungen über das Abstreckziehen von zylindrischen Hohlkörpern bei Raumtemperatur**
Von Dipl.-Ing. Rolf K. Busch. 86 Seiten Text u. 92 Seiten mit 97 Bildern. — Vergriffen

11 **Vorgänge beim elektromagnetischen und elektrohydraulischen Umformen von metallischen Werkstücken**
Von Dipl.-Ing. Herbert Müller. 90 Seiten Text u. 110 Seiten mit 93 Bildern u. 10 Tafeln. — 22,— DM

12 **Ein Verfahren zur näherungsweisen Berechnung des Spannungs- und Formänderungszustandes beim Fließen starrplastischer Werkstoffe**
Von Dipl.-Ing. Gerhard Adler. 124 Seiten Text u. 76 Seiten mit 72 Bildern. — Vergriffen

13 **Modellgesetzmäßigkeiten beim Rückwärtsfließpressen geometrisch ähnlicher Näpfe**
Von Dipl.-Ing. Dieter Kast. 101 Seiten Text u. 73 Seiten mit 60 Bildern u. 6 Tafeln. — Vergriffen

14 **Untersuchungen über das Genauschneiden von Stahl und Nichteisenmetallen**
Von Dipl.-Ing. Wilfried Krämer. 96 Seiten Text u. 132 Seiten mit 128 Bildern u. 10 Tafeln. — Vergriffen

15 **Entwicklung und Erprobung eines Simulators zur reproduzierbaren Nachahmung der Kraft-Weg-Verläufe von Umformvorgängen**
Von Dipl.-Ing. Kurt Schmid. 88 Seiten Text u. 38 Seiten mit 35 Bildern u. 2 Tafeln. — 17,— DM

16 **Walzrichten von Metallbändern mit symmetrisch angestellter Fünf-Walzen-Richtmaschine**
Von Dipl.-Ing. Hans-Dietrich Witte. 108 Seiten Text u. 63 Seiten mit 60 Bildern u. 8 Tafeln. — 22,— DM

17/18 **Erzeugung räumlicher Blechgebilde mittels Flächenbiegung**
Konstruktion, Abwicklung und Herstellung von Schraubtorsen aus Blech
Von Prof. Dr.-Ing. E. h. Dr. techn. h. c. Otto Kienzle.
120 Seiten Text u. 55 Seiten mit 86 Bildern u. 3 Tafeln. — 22,— DM

19 **Einfluß der Alterung auf die mechanischen Eigenschaften von Stählen zum Kaltfließpressen**
Von Dipl.-Ing. Vladimir Hasek, CSc. 43 Seiten Text u. 54 Seiten mit 50 Bildern u. 3 Tafeln. — 16,— DM

20 **Beitrag zur Frage der Spannungen, Formänderungen und Temperaturen beim axialsymmetrischen Strangpressen**
Von Dipl.-Ing. Rolf Dalheimer. 118 Seiten Text u. 76 Seiten mit 79 Bildern u. 3 Tafeln. — Vergriffen

21 **Über den Einfluß der Werkzeuggeschwindigkeit auf den Stauchvorgang**
Von Dipl.-Ing. H.-J. Metzler. 127 Seiten Text u. 100 Seiten mit 94 Bildern u. 6 Tafeln. — 25,— DM

22 **Numerische Behandlung von Verfahren der Umformtechnik**
Von Dr.-Ing. Elmar Steck. 67 Seiten Text u. 22 Seiten mit 43 Bildern. — 16,— DM

23 **Ein Verfahren zur näherungsweisen Berechnung der Wärmeentwicklung und der Temperaturverteilung beim Kaltstauchen von Metallen**
Von Dipl.-Ing. Walther Pohl. 78 Seiten Text u. 51 Seiten mit 61 Bildern u. 4 Tafeln. — 21,— DM

24 **Untersuchungen über das Drückwalzen zylindrischer Hohlkörper und Beitrag zur Berechnung der gedrückten Fläche und der Kräfte**
Von Dipl.-Ing. Hans-Jürgen Dreikandt. 161 Seiten Text u. 79 Seiten mit 73 Bildern u. 6 Tafeln. — Vergriffen

25 **Über den Formänderungs- und Spannungszustand beim Ziehen von großen unregelmäßigen Blechteilen**
Von Dipl.-Ing. Vladimir Hasek, CSc. 129 Seiten Text u. 106 Seiten mit 109 Bildern u. 9 Tafeln. — 35,— DM

26 **Über die Anisotropie des plastischen Verhaltens stranggepreßter Stäbe aus hexagonalen Metallen**
Von Dipl.-Ing. Günther Schröder. 129 Seiten Text u. 75 Seiten mit 97 Bildern u. 2 Tafeln. — Vergriffen

27 **Die Messung der mechanischen Kontaktspannung in der Wirkfuge Werkzeug — Werkstück bei Umformverfahren**
Von Dipl.-Ing. Fritz Dohmann. 99 Seiten Text u. 82 Seiten mit 93 Bildern u. 4 Tafeln. — Vergriffen

28 **Beitrag zur rechnerunterstützten Auslegung von Pressengestellen**
Von Dipl.-Ing. Manfred Geiger. 94 Seiten u. 56 Seiten mit 63 Bildern. — Vergriffen

29 Untersuchungen über das Aufweittiefziehen
Von P. S. Raghupathi, M. E. ISBN 3-7736-0780-6.
80 Seiten Text u. 54 Seiten mit 73 Bildern u. 2 Tafeln.   32,— DM

30 Faltenbildung als Verfahrensgrenze beim Stauchen von Hohlkörpern
Von Dipl.-Ing. Klaus Dieterle. ISBN 3-7736-0781-4.
55 Seiten Text u. 35 Seiten mit 43 Bildern u. 3 Tafeln.   28,— DM

31 Beitrag zur Ermittlung von Fließkurven im kontinuierlichen hydraulischen Tiefungsversuch
Von Dipl.-Ing. Franc Gologranc. ISBN 3-7736-0785-7.
125 Seiten Text u. 58 Seiten mit 95 Bildern u. 6 Tafeln.   Vergriffen

32 Untersuchungen an Strangpreßmatrizen
Von Dipl.-Ing. Klaus Gieselberg. ISBN 3-7736-0786-5.
101 Seiten Text u. 56 Seiten mit 69 Bildern.   45,— DM

33 Beitrag zur Messung der Strangoberflächentemperatur beim Strangpressen
Von Dipl.-Ing. Karl-Heinz Friedrich. ISBN 3-7736-0787-3.
83 Seiten Text u. 90 Seiten mit 84 Bildern u. 3 Tafeln.   48,— DM

34 Über das Umformverhalten von Blechen aus Titan und Titanlegierungen
Von Dipl.-Ing. Hans Wilhelm. ISBN 3-7736-0788-1.
107 Seiten Text u. 69 Seiten mit 76 Bildern u. 13 Tafeln.   48,— DM

35 Untersuchung der magnetischen Induktion, Stromdichte und Kraftwirkung bei der Magnetumformung
Von Dipl.-Ing. Volker Schmidt. ISBN 3-7736-0789-X.
60 Seiten Text u. 53 Seiten mit 84 Bildern.   21,— DM

36 Der Stofffluß beim kombinierten Napffließpressen
Von Dipl.-Ing. Rolf Geiger. ISBN 3-7736-0790-3.
111 Seiten Text u. 74 Seiten mit 80 Bildern u. 6 Tafeln.   Vergriffen

37 Beitrag zum Verhalten superplastischer Werkstoffe beim Massivumformen
Von Dipl.-Ing. Hans Schelosky. ISBN 3-7736-0791-1.
123 Seiten Text u. 61 Seiten mit 60 Bildern u. 4 Tafeln.   48,— DM

38 Energieumsatz beim elektrohydraulischen Umformen
Von Dipl.-Ing. Hans-Joachim Weckerle. ISBN 3-7736-0792-X.
103 Seiten Text u. 46 Seiten mit 56 Bildern.   45,— DM

39 Elastische Wechselwirkungen an Gestell und Hauptgetriebe weggebundener Pressen
Von Dipl.-Ing. Lutz Schemperg. ISBN 3-7736-0793-8.
91 Seiten Text u. 58 Seiten mit 65 Bildern u. 3 Tafeln.   45,— DM

40 Über das plastische Verhalten von Sintermetallen bei Raumtemperatur
Von Dipl.-Ing. Hartmut Höneß. ISBN 3-7736-0794-6.
84 Seiten Text u. 54 Seiten mit 67 Bildern u. 2 Tafeln.   45,— DM

41 Untersuchungen zum Halbwarmfließpressen von Stahl
Von Dr.-Ing. Rolf Geiger, Dipl.-Ing. Eckart Dannenmann und Dipl.-Ing. Jean Stefanakis.
ISBN 37736-0795-4. 50 Seiten Text u. 33 Seiten mit 34 Bildern u. 2 Tafeln.   Vergriffen

42 Änderung der Werkstoffeigenschaften beim Ziehen von zylindrischen Hohlkörpern aus austenitischen und ferritischen nichtrostenden Stählen
Von Dipl.-Ing. Rolf Zeller. ISBN 3-7736-0796-2.
80 Seiten Text u. 52 Seiten mit 34 Bildern u. 2 Tafeln.   38,— DM

43 Untersuchungen über das Fließpressen superplastischer Werkstoffe
Von Dr.-Ing. Hans Schelosky. ISBN 3-7736-0797-0.
36 Seiten Text u. 24 Seiten mit 26 Bildern u. 1 Tafel.   30,— DM

44 Umformende Bearbeitung in flexiblen Fertigungssystemen
Von Dipl.-Ing. Hartmut Kaiser. ISBN 3-7736-0798-9.
87 Seiten Text u. 24 Seiten mit 47 Bildern.   36,— DM

45 Geometrische Eigenschaften tiefgezogener kreiszylindrischer Näpfe
Von Dipl.-Ing. Dieter Schlosser. ISBN 3-7736-0799-7.
107 Seiten Text u. 64 Seiten mit 60 Bildern u. 9 Tafeln.   48,— DM

46 Die Eigenschaften einer AlZnMgCu-Legierung nach ausgewählten Kombinationen von Wärmebehandlung und Kaltumformung
Von Dipl.-Ing. Karl Hankele. ISBN 3-7736-0880-2.
86 Seiten Text u. 51 Seiten mit 52 Bildern u. 4 Tafeln.   45,— DM

47 Kaltmassivumformen von Sintermetall
Von Dipl.-Ing. Hans Dieter Schacher. ISBN 3-7736-0881-0.
84 Seiten Text u. 44 Seiten mit 47 Bildern u. 5 Tafeln.   42,— DM

48 Rechnerunterstützte Arbeitsplanerstellung und Kostenrechnung beim Kaltmassivumformen von Stahl
Von Dipl.-Ing. Peter Noack. ISBN 3-7736-0882-9.
216 Seiten Text u. 116 Seiten mit 134 Bildern u. 23 Tafeln.   65,— DM

49 Beitrag zur beanspruchungsgerechten Auslegung von rotationssymmetrischen Fließpreßmatrizen
Von Dipl.-Ing. Günther Krämer. ISBN 3-7736-0883-7.
94 Seiten Text u. 53 Seiten mit 56 Bildern.   48,— DM

50 Erzeugung gratfreier Schnittflächen durch Aufteilen des Schneidvorgangs (Konterschneiden)
Von Dipl.-Ing. Heinz Liebing. ISBN 3-7736-0884-5.
87 Seiten Text u. 51 Seiten mit 55 Bildern u. 4 Tafeln.   46,— DM

Die Berichte 1 bis 28 sind zu beziehen durch das Institut für Umformtechnik, Holzgartenstr. 17, 7000 Stuttgart 1
Die Berichte 29 bis 50 sind zu beziehen durch den Verlag W. Girardet, Postfach 9, 4300 Essen

51 **Berechnung der elastischen Eigenschaften von Baugruppen im Pressenbau**
Von Dipl.-Ing. Herbert Blum. ISBN 3-540-09804-6.
151 Seiten mit 55 Abbildungen.   48,— DM

52 **Untersuchung der Verfahrensgrenzen beim 180°-Biegen von Fein- und Mittelblechen**
Von Dipl.-Phys. Wolfgang Schaub. ISBN 3-540-09881-X.
65 Seiten mit 24 Abbildungen.   38,— DM

53 **Abstreckgleitziehen von nichtrostenden austenitischen Stählen**
Von Dipl.-Ing. Jobst-H. Kerspe. ISBN 3-540-09882-8.
109 Seiten mit 36 Abbildungen.   43,— DM

54 **Fließpressen von Stahl im Temperaturbereich 773 K (500 °C) bis 1073 K (800 °C)**
Von Dipl.-Ing. Ulrich Diether. ISBN 3-540-09959-X.
165 Seiten mit 80 Abbildungen.   48,— DM

55 **Die numerisch gesteuerte Radial-Umformmaschine und ihr Einsatz im Rahmen einer flexiblen Fertigung**
Von Dipl.-Ing. Peter Metzger. ISBN 3-540-10073-3.
158 Seiten mit 65 Abbildungen.   43,— DM

56 **Möglichkeiten zur Steuerung des Stoffflusses beim Ziehen großer unregelmäßiger Blechteile**
Von Dr.-Ing. Vladimir V. Hasek, CSc. ISBN 3-540-10074-1.
193 Seiten mit 96 Abbildungen.   48,— DM

57 **Beitrag zur Arbeitsgenauigkeit des Kaltmassivumformens**
Von Dipl.-Ing. Herbert Leykamm. ISBN 3-540-10363-5.
165 Seiten mit 84 Abbildungen und 5 Tabellen.   48,— DM

Die Berichte 51 und folgende sind zu beziehen durch den Springer-Verlag, Berlin Heidelberg New York